社会达尔文主义

Social Darwinism in American Thought

[美] 理查德·霍夫施塔特 著

Richard Hofstadter

魏琦梦 译

中国科学技术出版社

·北京·

图书在版编目（CIP）数据

社会达尔文主义 /（美）理查德·霍夫施塔特
（Richard Hofstadter）著；魏琦梦译 . —北京：中国
科学技术出版社，2024.6
书名原文：Social Darwinism in American Thought
ISBN 978-7-5236-0436-6

Ⅰ.①社… Ⅱ.①理…②魏… Ⅲ.①社会达尔文主
义—研究—美国 Ⅳ.① Q98-06

中国国家版本馆 CIP 数据核字（2024）第 039809 号

策划编辑	方　理	执行编辑	屈昕雨
责任编辑	方　理	版式设计	蚂蚁设计
封面设计	东合社·浩东	责任印制	李晓霖
责任校对	焦　宁		

出　　版	中国科学技术出版社
发　　行	中国科学技术出版社有限公司发行部
地　　址	北京市海淀区中关村南大街 16 号
邮　　编	100081
发行电话	010-62173865
传　　真	010-62173081
网　　址	http://www.cspbooks.com.cn

开　　本	710mm×1000mm　1/16
字　　数	239 千字
印　　张	17
版　　次	2024 年 6 月第 1 版
印　　次	2024 年 6 月第 1 次印刷
印　　刷	北京盛通印刷股份有限公司
书　　号	ISBN 978-7-5236-0436-6 / Q·264
定　　价	68.00 元

再版序

本书写于 1940 年至 1942 年间，最初于 1944 年出版。我的初衷是写一部反思性研究，并不希望它只成为某个年代的剪影。然而，它还是不可避免地受到了罗斯福新政引发的政治和道德争议的影响。在某些方面，我的观点已经发生了改变，和本书最初出版时不再一致。但在修订本书时，除了少数几处实在难以容忍以外，我没有对本书内容进行调整来让它反映我目前的观点。在出版后的几年里，一本书会成长为独立的生命。作者若愿意撒手，接受其独立的存在，这种健康的淡然，应属作者之幸。

尽管在内容上没有进行大刀阔斧的修改，但是我新作了一篇序，调整了全书的遣词造句，引进不少风格变化，订正了一些错误的片段，澄清了一些含糊的片段，还做了一些出于偏好的调整。在这本书的再版上，碧翠丝·科维特·霍夫施塔特（Beatrice Kevitt Hofstadter）的贡献与笔者相当。

这本书的出版离不开哥伦比亚大学威廉·贝亚德·切特奖学金、阿伯特·J.贝弗里奇基金和美国历史学会的赞助。

序

　　在达尔文的《物种起源》出版 100 年后的 1959 年，人类已经在进化科学的光环笼罩下生活如此之久，以至于我们倾向于将它的洞见当作常识之谈，很难完全体会达尔文的同代人感受到的那种启迪的强烈震撼，更难理解正统教徒对它的憎恶。正如美国进化论支持者约翰·费斯克 [①]（John Fiske）所说，活在那个年代，看到旧的烟雾散去，是"几个世纪都难得的机遇"。

　　与进化论相比，许多科学发现对人类的生活方式产生了更深远的影响。但是，就科学发现对思维和信仰的方式产生的影响而言，没有一个可以和进化论比肩，就连太空时代的发现恐怕也难以望其项背。纵观整个现代史，能够超出科学这个知识系统的内部发展，让整个思维方式发生变革的科学发现，确实为数不多。如此重大的发现会撼动旧思维和旧哲学，引领我们（时常是强迫我们）寻找新思维和新哲学。它们指向——对于一些人来说无限诱人的——新的、更完整的知识体系的可能性。它们在学界引起如此的兴趣并取得威望，几乎所有人都能感觉到，有必要将自己的世界观和新发现调整成一致，而一些思想家则饶有兴致地征用它们，用它们来建立或宣传自己在离科学颇为遥远的主题上的观点。

　　这种场景在现代的第一次上演，是哥白尼系统的提出。它意味着宇宙论必须大幅度修改，也给受过教育的人带来了一个让人既着迷又惶恐的可能性：许多盛行已久的关于世界的观点必须彻底重写。接着，到了

[①]　约翰·费斯克（1842—1901），美国哲学家、历史学家。——译者注。
　　以下如非特殊说明，均为译者注

牛顿和他身后的时代，力学模型被广泛用于关于人的理论和政治哲学上，理想中的人与社会的科学被赋予了新的意义。达尔文的学说开启了看待自然的全新视角，也为发展的观念注入了新的动力，它驱使人们用进化发展和有机类比的视角，将达尔文的发现和方法运用到对社会的理解上。而到了我们的年代，弗洛伊德的见解虽然发源于临床心理学并用于神经医学的治疗，但已经开始运用到社会学、艺术、政治学和宗教领域。

在西方文明的各个角落，达尔文同时代的思想家纷纷抓住这个新理论，探究它对各个社会学科的意义，只是因为学术传统和个人性情的不同，程度有所不同。人类学家、社会学家、历史学家、政治学家和经济学家纷纷开始思索，达尔文的概念对于他们的学科意味着什么。如果说，在探索达尔文学说的过程中诞生了不少谬论（我认为它们确实存在），那么我们也应该带着一些宽容看待这些谬论。社会达尔文主义的一代——如果我们可以如此称呼他们——不得不面对和适应一个可能有重大后果的新启示的一代。如果没有先辈们跌跌撞撞的探索，在黑暗中前仆后继，那么这些启示的意义便无法完整揭露，它们的界限也无法穷尽。

本书的主题是达尔文的作品对美国社会思想的影响。在某些方面，19 世纪后 30 年和 20 世纪初的美国就是达尔文的国度。英国把达尔文献给了世界，而美国异常迅速并热情地接纳了达尔文学说。达尔文于 1869 年成为美国哲学学会荣誉会员，这比他获得母校剑桥大学的荣誉学位早了整整 10 年。美国科学家不仅迅速接受了自然选择的法则，也很快便开始为进化的科学做出贡献。受过教育的美国大众在内战后也迅速被思辨的进化思想吸引，为部分基于达尔文主义或与其相关的哲学和政治理论提供了热情的土壤。在所有将进化论系统化应用在生物学之外的尝试中，斯宾塞①（Herbert Spencer）的努力是最有野心的，而

---

① 赫伯特·斯宾塞，英国哲学家，社会学和心理学的先驱，先于达尔文使用了"evolution"（即"进化论"中的"进化"，更符合当代进化科学的翻译为"演化"）一词，也是最先提出"survival of the fittest"（"最适者生存"或更常用的"适者生存"）的人。

他在美国要比他在自己的国家更受欢迎。

达尔文和斯宾塞的思想在美国传播的年代，是一个经济变化迅速且惊人的年代，也是保守主义统领着政治情绪的年代。[①]虽然挑战保守主义的声音从未销声匿迹，但是当时占主导地位的政治共识是：这个国家在内战前已经见证了太多政治问题带来的动荡，安宁和积累的时间到了，发展和享受的时间到了，是时候在这片安定下来的伟大土地上发展和享受雨后春笋般涌现的巨大新行业了。

保守主义者伸开双手把达尔文主义纳入了他们的智囊中，用达尔文主义来呼吁同胞们接受生命的艰难困苦，号召他们警惕未经深思熟虑的草率变革。这很好理解，达尔文主义可能确实也成了他们最有力的论据。在美国保守主义思想史的这个漫长的阶段，达尔文主义是渗透力最强的洞见之一。最先利用达尔文的概念打造社会论据的人，是政治现状的捍卫者，尤其是信奉自由放任主义的保守派。直到后来，当"社会达尔文主义"真正发展为一种可辨识的社会思潮之后，反对者才带着他们令人生畏的论据走上了战场。但是，最突出的反对者，比如莱斯特·沃德（Lester Ward）和其他几乎马上开始向社会达尔文主义引发的哲学问题开炮的反对者，实际上也相信，新思想对关于人与社会的理论的启迪作用是无可争议的。他们保护达尔文主义，炮轰社会达尔文主义，指出前者的心理学和社会学后果可以和先前的保守

---

① 有必要对保守派和进步派进行笼统的区分，但是每个学者和个人的观点自然会和总结性的区分不同：保守派（右派）一般忠实于社会和家庭传统，尊敬权威，例如国家、宗教、家庭中的权威，维护等级制度；接受现实中的不如意，对变革尤其是快速改革有所顾忌；接受人与人结果不平等，认为苦难可以塑造性格，人应该自食其力，而不是依靠他人救助，强调忍耐；进步派（左派、自由派、激进派）一般反对权威，崇尚自由和平等，批判现实中不如意的地方，支持改善社会、进行改革或用革命重塑社会；认为苦难和不平等背后有社会原因，应该通过改善社会追求结果平等，强调关爱；对弱势群体关怀更多，更倾向于集体主义。本书作者是左派作家。

派思想家的解读完全不同。从今天的角度来看，即使不能说所有人都可以看到反对者的论断更胜一筹，至少也可以说，我们大多数人可以看到，他们为对手看似有理的论断呈上了必不可少的反驳。虽然他们的批评成功了，但是我们不应该忘记，在很多年间，他们的声音都是少数。然而，他们才刚刚在批评个人主义竞争式的解读上取得胜利，新的问题又出现了，而在这个问题上，他们自己也无法达成统一：达尔文主义的种族主义和帝国主义解读是否有任何根基？

达尔文主义用来支持保守主义观点的方式有两种。第一，当最流行的达尔文主义口号——"生存斗争"和"适者生存"——被运用到社会中的人的生命上时，似乎意味着大自然会让最有力的竞争者在竞争中胜出，以及这个过程会引向不断地进步。这个观点本身并不新颖，已经有经济学家提出过，但它确实给了生存斗争的观点一种自然法则的力量。第二，发展十分漫长的观点给另一个熟悉的保守主义政治理论提供了支撑，即任何健康的发展都应该是缓慢且不受催促的。社会可以被想象成一个有机体（或类似有机体的实体），其变化极其缓慢，就像自然界中新物种的诞生一样。至于达尔文主义意味着什么，既可以像威廉·格雷厄姆·萨姆纳（William Graham Sumner）一样得出悲观结论，认为达尔文主义意味着人必须面对生活必然的苦难；也可以像斯宾塞一样，相信无论大多数人是否目前正面对着苦难，进化都意味着进步，因此生命的进程是朝着虽然遥远但是总体来说光辉的最终圆满发展的。不过，无论选择哪种解读，达尔文主义最先产生的结论都是保守主义的结论。它们都暗示着，任何对社会进程进行改革的尝试都是徒劳，它们是在干预大自然的智慧，只能引向堕落。

作为保守主义思想史的一个阶段，社会达尔文主义值得我们思考。在捍卫现状，反对改革者，乃至反对一切有意的、有目的地改变社会的努力上，社会达尔文主义确实是超过一代美国保守派的领军思想之一。但是，它确实也缺少保守主义的许多标志性特点。社会达尔文主义的保守派更吸引世俗派，而不是信教者。它几乎是一个没有宗教的保守主义。它的主要主张是最小化国家的积极职能，这一点几乎接近无政府主义，国家完全不像在其他众多保守主义理论中那样占据重心或权威地位。最后，或许也是最重要的一点是，这是一个尝试摆脱感觉或情感连接的保守主义。萨姆纳在其社会达尔文主义经典作品《社会阶级间彼此的义务》中，描述了人们从基于地位的中世纪到基于合契约的现代的过渡：

> 中世纪的人依照习俗和规定集结成协会、等级、行会和各种社群。这些连接从出生一直延续至生命结束。相应地，社会建立在社会地位的基础上，细到每一处都是如此。人与人之间的连接，或者说纽带，是情感的。在现代国家中，并且在美国要多于任何其他地方，社会结构是建立在契约的基础上，细到每一处都是如此，社会地位是最不重要的。但是，契约是理性的，甚至可以说是理性主义的，同时它也是现实的、冷冰冰的、不容置疑的。契约关系基于充足的理性，而不是习俗或其他规则。合同不是永恒的，而是与它存在的理由一同存亡。在基于合同建立的国家中，情感在公众事务上毫无用武之地，它只适用于私人或个人关系的领域……其中多愁善感的人总是怀念旧秩序，想要保护它们、恢复它们……
>
> 无论社会哲学家是否认为这么做值得向往，回到社会地位的年代，或者找回连接爵与臣、主与仆，师生间乃至同志间的那种情感关系已经完全不可能了。无法否认，我们确实失去了一部分优雅和风度。过去的生活中的确存在更多浪漫和诗意。但是，任何研究过这个问题的人都不可能怀疑，我们的收获是无穷的，并且只有向前走而不是向后退，才能有更多的收获。

整个思想史中似乎都没有出现过如此进步的保守主义。如果对比埃德蒙·柏克 ① （Edmund Burke）与萨姆纳的思想，社会达尔文主义作为保守理论的独特之处便会凸显出来。这两位思想家当然不乏共同之处：二者都抵制打破旧社会框架或者加速变革的尝试；二者都认为热切的改革家、革命家、自然权利观和平均主义毫无用途。但是，二者的相似之处到此便也结束了。柏克信奉宗教，对待政治的方式接近直觉，依赖近乎本能的智慧；而萨姆纳则是世俗主义者和骄傲的理性主义者。柏克相信集体的、悠久的智慧，即社群的智慧；而萨姆纳则认为个人的自我肯定是大自然的智慧最合理的表达方式，要求社群给予自我肯定以自由发展的空间。柏克敬奉习俗，尊崇传统；而萨姆纳则积极看待以契约取代地位这种与传统的背离，他这个阶段的作品明显表达了对过去的不屑，这种不屑是崇尚技术天赋的文化的显著标志。对于萨姆纳来说，只有"多愁善感的人"才会想保护或恢复过去的秩序。柏克的保守主义相对来说更永恒也更普遍，萨姆纳的保守主义似乎属于后达尔文时代的美国。

当然，自由主义和保守主义在美国常常混淆不清，有时还会互换角色，两派都从未建立清晰的传统。这是一个重要的事实，它不仅能够解释为什么今天我们这些非保守主义者感觉解释自己如此困难，也能够解释为什么社会达尔文主义和一般意义上的保守社会哲学如此不同。在历史上大多数时期，美国的右派，也就是注重个人财产、不那么重视民众激情和民主事业的一派，虽然在政治上是保守派，但是在经济和社会上却是大胆的革新者和勇敢的推广者。从亚历山大·汉密尔顿（Alexander Hamilton）到尼古拉斯·比德尔（Nicholas Biddle），再到卡耐基（Carnegie）、洛克菲勒（Rockefeller）、摩根（Morgan）以及和他们一起创业的大亨，这些在政治上支持贵族制乃至财阀统治观点的人，也是率先创造了新经济形式、新型组织以及新技术的人。如果我们从现实政治的历史中寻找希望恢复或保留传统价值的人，那么

---

① 埃德蒙·柏克，18世纪英国政治家，常被视为英美保守主义的代表人物。

我们能找到的几乎（当然不绝对）都是那些温和的偏左的人，例如尝试拯救农业理想、维护种植园主利益的杰斐逊派，试图回到共和制的简单的杰克逊支持者，和试图恢复他们"认为"曾经存在的人民民主和竞争经济的平民主义者及进步主义者。当然，事实并非如此简单，因为这些改革者们在尝试实现旧目标时，确实采取了一些新的措施。但是，美国的"自由"或"进步"的那一派，确实是一直到罗斯福新政时代才完全接纳社会和经济上的创新和实验——直到这个国家在宪法下已经进步了整整 150 年，旧的模式才完全被打破。

我已经提到过，社会达尔文主义是一门世俗哲学，但这么说其实并不完全妥当。萨姆纳所代表的苦难派社会达尔文主义——倘若可以这么称呼——体现了某种世俗的信仰，有必要对此花点笔墨澄清。萨姆纳，当然还有那些曾经一时被他打动的人，是如此在意直面生活的苦难的重要性，如此相信人性之恶鲜有解药，如此重视劳动和自我否定的必要性以及痛苦的必然性，简直可以说他们是某种"自然主义"①的加尔文主义信奉者，在这种加尔文主义中，人与自然的关系就像加尔文教派中人与上帝的关系一样困难和苛刻。②这种世俗信仰在实践上的表现是一种经济伦理。那时，蓬勃发展的工业社会急需劳动力和资本，这种经济伦理恰好可以号召劳动力和资本，来开发社会中庞大的未开发资源。辛勤工作、努力节约光荣，休息和浪费可耻，这种经济伦理重视的品质，对于教育劳动力和小投资者来说似乎必不可少。萨姆纳的写作体现了这些需求，由此也表达了一种旧有的经济观念，这种观念直到今天也在美国保守主义者中颇为盛行。根据这种观点，经济活动首先是一门用来培养人的品性的领域，而经济生活由一系列安

---

① 用自然而不是超自然（例如神）现象或法则解释世界的主义。

② 约翰·加尔文，新教神学家，相信神的权威，认为人性是罪恶的，能否得救是定的，无法改变，提倡努力工作以荣神益人。新教伦理强调节俭、纪律、勤奋、禁欲。根据马克斯·韦伯影响深远的《新教伦理与资本主义精神》，新教的教义和资本主义所需的心态十分吻合。

排构成，它能为品性优秀的人提供激励，同时惩罚那些用萨姆纳的话说"粗心、懒惰、没效率、愚蠢又草率"的人。

今天，让这种伦理观得以形成的经济框架已经不复存在。我们需要闲暇时间，我们要求免受经济困难的折磨，我们建立了一种巨大的买卖——广告业，来鼓励人们消费而不是储蓄；我们设计了机构和制度来方便人们花费他们还没有挣到的钱；我们支持凯恩斯那种经济理论，它用新的方式强调消费对于经济的重要性。我们从福利、富裕而不是稀缺的角度来思考经济秩序；我们更关心组织和效率，而不是品性和奖惩。今天，"福利国家"的优缺点之所以会引起争议，一个重要原因就在于，福利国家的观念本身挑战了许多人的传统，如果说这个传统不是直接建立在社会达尔文主义的信条上的，那么它至少是建立在社会达尔文主义所表达的道德律令之上的。经济过程和有关品性培养的思考渐行渐远，或者说我们对于这种分离的接受程度越来越高，这对于仍然珍视旧经济伦理的小部分人来说是一种真实的折磨。就连今天自认为对于这种伦理已经毫无好感的人，其实也可以问一下自己，在设想几乎没有人力、完全由原子能驱动、自动化管理的经济秩序时，是否至少有那么一瞬间，想到工作的道德规训作用将不复存在时，也会对社会的命运感到一丝顾虑。

必须承认，虽然萨姆纳一派似乎用冷酷的眼光看待人类的苦难，并且教条式地相信苦难没有任何解药，但是在高度坚持原则方面，他们确实是严于律己的大师。在这个意义上，他们体现出忠贞不渝的美德。萨姆纳本人因为在争论中毫不妥协地站在了不受欢迎的一方，三次危及自己在耶鲁大学的教职，一次是因为在教学中使用了斯宾塞的作品，另一次是因为反对保护性关税，还有一次是因为声讨美西战争。此外，尽管斯宾塞派哲学的实践结论通常会讨财阀们喜欢，但他们本身绝不是财阀的拥趸，他们最珍视的价值也不是能亲近财阀的价值。萨姆纳本人便认为，贪婪和不负责任在财阀身上太常见。斯宾塞和萨姆纳宣扬的美德——自我拯救、忠于家庭、家庭责任、努力工作、审慎管理、以自力更生为豪等——都是中产阶级的美德。虽然这些作者宣扬缓慢的变化，呼吁人类适应环境，但是那些被他们视为最"适合"在竞争中生存的百万富翁，却在如此迅速地改变着环境，让这个世界变得越来越不适合斯宾塞和萨姆纳的价值生存，细想起来，让人不禁感到丝丝讽刺。

目 录
Contents

Social Darwinism
in
American Thought

第一章

达尔文主义的到来

Passage 1

能够生活在那个时代，看到这个绝妙的真理被提出、辩论、确立，实属几个世纪都难得的机遇。笼罩着孤立学科的一团团云雾散开了，揭露出所有学科融合成的整体。目睹这番景象所能受到的启发，恐怕是后世——那个时代的遗产的继承者——再难以体验到的。

——约翰·费斯克（John Fiske）

1

达尔文的《物种起源》面世后，在英国一石激起千层浪，1860 年 6 月知名的托马斯·赫胥黎（Thomas Huxley）与塞缪尔·威尔伯福斯（Samuel Wilberforce）之争 ① 便是其佐证。然而，在大西洋彼岸的美国，它的出版却没有立刻掀起规模相当的波澜。彼时的美国大选在即，这场关键的选举即将打破联邦的平静，成为残酷的内战的导火索。尽管《物种起源》的美国首版在 1860 年就受到了广泛评审 [1]，但是战争却阻碍了新科学发展的传播，只有科学家和一小部分硬核知识分子免受波及。

---

① 托马斯·赫胥黎，英国生物学家，达尔文进化论支持者。塞缪尔·威尔伯福斯，英国牛津教区主教。二人曾经在英国科学促进协会的会议上就进化论展开激烈争辩，威尔伯福斯嘲笑了人可能是猿后代的猜想，而赫胥黎则宣称他宁可自己是猿类的后代，也不做攻击自己不懂的理论的人的后代。

但是，在远离政治硝烟、零星分布的静谧书房中，新的思想开始酝酿。这些思想会在未来改写美国的知识版图。达尔文的朋友、哈佛大学植物学家阿萨·格雷（Asa Gray）一丝不苟地研读了《物种起源》的预发行版本，并在《美国科学与艺术杂志》（*American Journal of Sciences and Arts*）上发表了一篇细致入微的书评。此外，考虑到《物种起源》可能会被指控为无神论，格雷带着令人赞叹的远见，撰写了一系列文章，提前对可预见的指控予以反驳。当时，英国哲学家斯宾塞已经先于达尔文提出他自己思辨性质的进化理论，正在野心勃勃地建构他宏大的系统性哲学。一些熟悉斯宾塞的进化理论的人已经在筹划普及进化科学的运动。其中，爱德华·西尔斯比（Edward Silsbee），一位名不见经传的马萨诸塞州塞勒姆镇居民，则在美国宣传斯宾塞的哲学体系计划。西尔斯比的努力立刻在两个人身上听到了回响，而这两个人会在未来引领美国思想的重塑。第一个人是约翰·费斯克，他当时还在哈佛大学攻读本科学位，但在科学和哲学领域涉猎颇深，甚至超过了一些老师。发现斯宾塞哲学体系的蓝图后，费斯克对这个雄心勃勃的计划感到欣喜若狂。第二个人是爱德华·尤曼斯（Edward Youmans），他是一名颇受欢迎的传播科学的演说家，著有一本广泛使用的化学教科书。尤曼斯利用他和阿普尔顿出版公司的关系，为斯宾塞找到了友好的美国出版商。[2]当达尔文主义引发的纷争成为公众的焦点时，费斯克和格雷率先发起了为进化论辩护的运动，而尤曼斯则主动成为科学世界观的使者。

美国社会对自然科学的兴趣增长迅速。宗教期刊和流行杂志的内容表明，在内战后的那几年，美国读者很快就对进化论引发的争议产生了浓厚的兴趣。尽管进化的思想对于大众来说实属新奇，但对文化精英而言，它其实并非新事物。美国作家惠特曼（Whitman）就曾经写道："进化，这个老生常谈的理论，被达尔文用颠覆性的见解扩充了几倍，从头到尾改模换样了一番。"一些美国人也熟悉历史上的思辨进化传统，这个传统引发的争议在居维叶（Cuvier）、圣伊莱尔（Saint-

Hilaire）和歌德的年代到达顶峰[①][3]。查尔斯·莱尔（Charles Lyell）爵士的《地质学原理》（1832）为发展假说奠定了基础[②]，这本书在美国也广为大众传读。苏格兰作家罗伯特·钱伯斯（Robert Chambers）匿名发表了《创造的自然史之残迹》（美国版于 1845 年出版），这本从宗教视角介绍进化论的热门读物也曾经受到不少的关注。

圣经批判学[③] 和比较宗教学兴起后，同时在自由派教会的鼓励下，正统信仰的管制得到了放松，这让许多美国人为接受达尔文主义做好了准备。詹姆斯·弗里曼·克拉克（James Freeman Clarke）的《十大宗教》，一本态度开明的关于世界各种信仰的研究，在 1871 年首次出版后，15 年内再版了整整 21 次。另一本类似的著作，是苏格兰神学家华盛顿·格拉登（Washington Gladden）于 1891 年出版的《谁写了〈圣经〉?》[4]。

费斯克的早期作品体现了许多让思想独立的人接受进化论的原因。虽然费斯克出身于一个新英格兰的传统宗教家庭，但是他的正统信仰早已被欧洲科学侵蚀。进入哈佛大学之前，他已经满怀热忱地读了亚

---

① 居维叶，法国博物学家，进化论的知名反对者。圣伊莱尔，法国博物学家，居维叶的反对者，相信物种可以随时间演变。歌德也讨论过关于原型植物和自然发展的猜测。最初，进化（evolution）一词并未得到广泛使用，发展假说（development hypothesis）和后文中的演变（transmutation）、衍变（derivation）都是用来描述进化思想的词语，这种思想主要相信物种能够从另一种物种演变或发展出来，和基督教的神创论相悖，后者认为上帝创造的物种是固定不变的。

② 查尔斯·莱尔（1797—1875），英国地质学家，通过对火山的研究发现了地质的长期变化，提出了均变论，并将这个地质假说运用到生物学，用地质环境变化解释物种的产生和灭绝，但他并没有提出物种进化的观点。达尔文年轻出海时曾经携带了四本书，莱尔的《地质学原理》就是其中一本，这次出海的观察让达尔文提出了进化论。

③ 圣经批判学，尝试用科学和理性解释《圣经》的客观含义的宗教思潮。

历山大·冯·洪堡①（Alexander von Humboldt）的多卷著作《宇宙》，它用自然主义的语言写作而成，对当时的科学进展进行了百科全书般的呈现。《宇宙》给费斯克带来了不亚于宗教启示般的震撼，它激发的情感体验是如此强烈，以至于内战都可以被忘却。费斯克在1861年夏天写道："书架上摆着《宇宙》，桌子上放着《浮士德》，战争还算得上什么？"5 费斯克同时提到了洪堡和歌德，其实把二人联系到他自己身上也很贴切。费斯克可以称得上那个时代最像浮士德的美国人，因为二人都有一种吞噬一切知识的欲望。正是这种欲望，让他手不释卷地翻阅密尔（Mill）、路易斯（Lewes）、巴克尔（Buckle）、赫歇尔（Herschel）、贝恩（Bain）、莱尔和赫胥黎等英国科学作家的作品，不辞辛苦地进行文献学钻研（他20岁之前就掌握了8门语言，同时也已经开始学习另外6门语言），兢兢业业地开展文献学钻研，时刻跟进圣经批判学的最新进展。在达尔文学说尚未出现、尚未为物种的谜团提供让人难以抗拒的答案时，在斯宾塞还没有试图对科学的意义进行权威的深入解读时，费斯克早已改变了他的信仰。

在被达尔文学说吸引的人中，也有在热忱和求知欲上逊色于费斯克的人。年轻的亨利·亚当斯（Henry Adams）刚刚退役，内战期间外交工作的经历让他倍感困惑，而达尔文则为刚刚发生的历史提供了说得通的解释：

> 像绝大部分人一样，他对进化论的赞同是出于本能的……自然选择导向自然演化，最终导出自然均变论。这是理论跨出的一大步。在连贯条件下不断进化的学说能讨除牧师和主教外的每个人喜欢。它简直是宗教的最佳替代品，是安全、保守、实用、完

---

① 亚历山大·冯·洪堡，涉猎很广的德国自然科学家，近代气候学、植物地理学、地球物理学的创始人之一。《宇宙》的写作目的是整合多门科学和文化学科。

完全全符合普通法的神灵。这个宇宙运作体系很适合具有下述经历的年轻人：他刚刚参与了国家投入成百上千亿美元，牺牲百万人的生命，并在反对者身上强行施加统一和一致的过程。这个学说的完美性太具有诱惑力；它有着艺术般的魅力。[6]

还有一些人对进化论的积极意义持更加乐观的态度。对他们来说，《物种起源》简直变成了神谕，要带着阅读经文所需的崇敬拜读。社会工作的先驱者、改革家查尔斯·布雷斯（Charles Brace）在看了《物种起源》13 遍后，确信进化能够证明人的可完善性①（perfectibility），保证人类美德最终能够开花结果。"如果达尔文的理论是对的，那么自然选择的法则既适用于物质的历史，也适用于整个人类道德史。在与善的斗争中，恶作为弱的一方，最终必定会灭亡。"[7]

在进化论牢固地占领大众心灵，被广泛地接受之前，它必须先取得科学界的广泛认可。即使是对于科学家，尤其是坚持传统思想的老一辈来说，接受进化论也是一个痛苦的过程。"好像要承认杀人一样"，达尔文在 1844 年第一次向约瑟夫·道尔顿·胡克（Joseph Dalton Hooker）提及他相信物种的可变性时说道。莱尔的地质学说启发了发展假说，可就连莱尔本人也是先犹豫了将近 10 年，才终于接受了进化论。[8] 其实，在达尔文之前，物种固定论的旧观念已经让科学家感到困惑了，因为它与古生物学和地质学事实、化石标本、物种丰富的多样性以及生物的分类全都矛盾。他们通常采取的解释是特殊创造论，即造物主进行了多次物种创造。这个简单的假设或许尚能符合他们的宗教信仰，但是，新一代的科学家接受的训练让他们将自己的角色视为自然理性的探索者。他们已经开始怀疑，特殊创造论是不是一个在知识上站不住脚的借口。在这一代科学家中，发展假设和自然选择学说

---

① 可完善性和完善（perfection）是基督教术语，信奉这种学说的基督徒认为人性可以不断改善，最终达到完美的状态。

迅速传播，达尔文学说很快便积累了一众名声显赫的支持者。

在杰出的美国博物学家中，路易斯·阿加西（Louis Agassiz）是唯一一位至死不渝地反对达尔文学说乃至任何形式的进化学说的人。[9]在19世纪初，阿加西的老师居维叶是进化论的领头反对者[①]，而阿加西就像过去他的老师反对拉马克（Lamarck）[②]那样与达尔文斗争。在阿加西看来，达尔文主义是对永恒真理粗鲁无礼的挑衅，其不仅是有待商榷的科学，而且还亵渎了宗教，令人发指。在他身后发表的他生前撰写的最后一篇文章中，阿加西仍在坚称，一切人类所知的进化都是个体胚胎发育的结果，不可能超过这个限制，完全没有任何证据表明后来的物种是从先前的物种发展而来的，也完全没有任何证据表明动物是人类的祖先。阿加西还说，动物的分类产生了一种从低等发展到高等的假象，但地质演替的历史[③]表明，最低等的结构不一定是最早出现的。世界上很有可能从一开始就有极其繁复的动物种类，因此不同"物种"的出现，更有可能是因为上帝的多次创造，而不是因为自然选择或者其他任何完全自然的发展。[10]

阿加西坚信，达尔文的学说不过是昙花一现，就像在他年轻时流行的洛伦兹·奥肯[④]（Lorenz Oken）的《自然哲学》一样。他也曾得意地声称，自己会在"有生之年看到这场躁狂结束"。[11]然而，当他在

---

① 居维叶提出了受到教会推崇的灾变论，即上帝会在周期性的灾难后重新创造物种的观点。他曾经利用自己的地位打击拉马克及其观点。有学者认为，拉马克的观点受轻视是法国社会学家孔德未能将进化论和社会理论进行结合的原因。英国人斯宾塞则做出了这种结合，详见第二章。

② 拉马克，法国博物学家、植物学家，进化论的先驱，提出了获得性遗传（后天获得的性状可以传给后代）和用进废退（环境决定有机体哪部分会发展的观点）的模型。根据这种模型，进化是个体发展的结果，例如吃树叶让长颈鹿一代代传承后发展出了长脖子。这种适应机制和达尔文的自然选择机制有所不同。

③ 指地层中化石形成的时间顺序。

④ 洛伦兹·奥肯，德国博物学家。

1873 年去世时，美国科学界失去了进化论最后一位有名望的反对者。其实，哪怕阿加西再多活许多年，他的影响恐怕也难以减缓进化论在科学家中传播的势头。在他去世之前，他自己的学生就已经开始转变阵营。其中，约瑟夫·勒孔特（Joseph Le Conte）就感觉，在阿加西本人对动物性状的分类中，已经有发展理论的轮廓，只需加上灵活的解释，就可以形成一幅有说服力的进化历史的图景。[12] 曾经和阿加西交情颇深的威廉·詹姆斯则是他最苛刻的批评者。"我越是考虑达尔文的观点，"詹姆斯在 1868 年给弟弟亨利的信件中写道，"它们在我眼中的分量就越重。当然，我的浅闻小见不足挂齿，但我还是相信，阿加西那个无赖，无论是在学术还是道德上，都不配给达尔文擦鞋，而且，接受这个结论还让我感到有些高兴。"[13] 阿加西逝世后没多久，便有作者指出，阿加西在哈佛大学最杰出的学生中，有八位早已成为进化论的拥护者，其中就包括他自己的儿子。[14] 美国地质学掌门人詹姆斯·德怀特·丹纳（James Dwight Dana）曾长时间努力否认自然选择，但其在于 1874 年出版的《矿物学手册》的最终版本中，也终于表达了认可。

格雷很快便成了公认的美国科学观念解读者。格雷身上结合了战士的坚定和科学家的谨慎，因此十分适合统领达尔文阵营。他对《物种起源》的第一篇书评是一篇精彩的文章，为美国生物学家提供了有利于达尔文学说的谨慎总结。格雷虽然公正地罗列了在他眼中对自然选择最有说服力的科学反驳观点，但也表扬了整个理论对生物学科学而严谨的贡献。他审慎地写道，达尔文"让（物种）演变的不可能性比起以前大大减少……这个理论和现有的自然科学学说相契合，所以在未被证实之前就被广泛接受也不是没有可能"。他对阿加西的批评则更加大胆，称他的物种理论中"有神论过了头"，并表扬了与其对立的达尔文理论。在文章最后，针对可能来自宗教的批评，他指出，达尔文学说和有神论完全不矛盾。他也承认，达尔文学说和无神论也不矛盾，但"一般自然科学理论都是如此"。自然选择完全不是对设计论①的攻击，相反，它可以被视为解释上帝的安排如何运作的可能理论之一。[15]

到了 19 世纪 70 年代初，物种演变和自然选择已经成了美国博物学家的主流观点。在美国科学促进会第二十五次会议上，副主席爱德华·莫斯（Edward Morse）对美国植物学家为进化论提供的证据做出了引人瞩目的总结，此举表明，植物学家已经主动接受了达尔文学说。[16]这些证据中，最出众的研究来自耶鲁大学古生物学教授奥斯尼尔·C. 马什（Othniel C. Marsh）。他是那个年代最具有传奇色彩的科学人士之一，认识格雷、莱尔和达尔文。19 世纪 70 年代初，他踏上为了证明发展假设而寻找化石标本的征途。到了 1874 年，他已经积攒了数量惊人的美国马化石，并发表了一篇论文，描述这些马在不同地质年代的发展。后来，这篇论文被达尔文称赞为在《物种起源》发表后 20 年内，进化论的最佳证据。[17]

2

科学家纷纷"皈依"，进化论在大学中获得成功指日可待。大学的空气中充满蠢蠢欲动的气息。在课程设计中增加科学课程的改革运动开始了，科技学校纷纷落地，来满足美国对技术人员日益增长的需求。[18]从现在的眼光看，那时对于科学专业化的忽略令人咋舌（因为这个原因，小型学院中出现了诸如"自然哲学暨化学暨矿物学暨地质学教授""动物学暨植物学讲师"等令人啼笑皆非的称呼）。在一个工业和农业迫切地需要科学，也有大力支持科学发展的经济条件的国家，这种忽略明显不符合时代的需求。

哈佛大学在 1869 年任命化学家查尔斯·威廉·艾略特（Charles

---

① 基督教观点，认为自然中的复杂性、秩序、目的等是设计的痕迹，背后必然存在设计师（造物主），否则便无法解释它们的存在。

William Eliot）为校长，由此打响了大学改革的第一枪。在艾略特的就职典礼上，费斯克私下表达了他的期待，希望此举意味着"因循守旧"的行为方式在哈佛的终结。而他的希望成为现实的时间比他想象的要早，而且是以一种更私人的方式。艾略特立刻邀请他在哈佛大学举行一系列关于科学哲学的特殊讲座。8 年前，因为孔德的哲学一般被视为无神论，还是本科学生的费斯克曾经接到过学校的威胁，称如果他被发现讨论孔德哲学，就会被哈佛开除。而现在，他被邀请在学校的庇护下就实证主义哲学高谈阔论。① 此时，费斯克早已放下孔德，转而选择斯宾塞，于是他主动肩负起了维护斯宾塞的任务，用讲座指出关于斯宾塞抄袭孔德的指控不实。但偶像的改变并未影响复仇的甜蜜。他的讲座得到了报纸报道，引发了一些批评的声音，但这丝毫不减讲座的人气和听众的热情。[19] 数年后，当威廉·詹姆斯在哈佛选用斯宾塞的《心理学原则》作为教科书时，已经没有任何惊异的声音。在美国历史最悠久的大学中，新哲学早已深入人心，它来得迅速，几乎没有引起争议。

在耶鲁大学，进化论问题产生的诱因也是斯宾塞，而不是达尔文，而且矛盾要等到 1879—1880 年威廉·格雷厄姆·萨姆纳和校长诺阿·波特（Noah Porter）发生冲突时才被激发出来。波特是公理会神职人员，但他不是对一切形式的进化论都毫不妥协地反对。在马什的发现和名望的影响下，以及在耶鲁大学皮博迪自然历史博物馆的馆藏标本的震撼下，他在 1877 年便向进化论"缴械投降"。在这一年发表的一场讲话中，波特肯定地说道，他并未"在馆藏的发现和学院教堂的教导之间发现矛盾之处"。[20] 不过，他还是相信，美国的大学必须"信奉基督教"。和波特一样，萨姆纳也是被马什的作品打动而"皈依"进化论的。当萨姆纳准备使用斯宾塞的《社会学研究》作为他教授的

---

① 奥古斯特·孔德，实证主义者，也是社会学先驱。实证主义是现代科学的基础，认为真实认识是从感官经验出发，通过理性和逻辑推导得出的。

一门课的教材时，波特反对该作品的无神论和反教权论调，坚持要求萨姆纳撤下教材。这掀起了一场广为人知的争论，最终波特取得了胜利，但代价高昂。[21] 萨姆纳严厉地责备了波特，威胁要辞去教职，最后学校费了一番力气才留住他。萨姆纳以争论削弱了教科书的价值为由，撤下了斯宾塞的书，但保持了他一贯独立的作风。波特则开设了一门名为"第一原理"的课程，用来反驳斯宾塞的观点，课中用到了进化论者的写作。让他始料未及的是，虽然自己呕心沥血地反驳斯宾塞，但是斯宾塞的学说拥有难以抗拒的吸引力，学生竟纷纷拜倒在斯宾塞的旗下。[22]

在另一些大学中，声望较小的学者和神职教师则无法拥有费斯克和萨姆纳那样的安全和成功。比如，1878 年，地质学家亚历山大·温彻尔（Alexander Winchell）就被范德堡大学解雇。整个 19 世纪 80 和 90 年代，无论是在南部还是北部，侵犯学术自由的行为都时不时成为大众关注的焦点。[23] 但是，最值得注意的或许不是抗拒的力量，而是新观念在更好的学府中传播的迅猛势头。进化论渗入了教职工和学生之中。编辑、政客怀特洛·里德（Whitelaw Reid）于 1873 年在达特茅斯学院的发言中讲道："十多年前，课余阅读和聊天最常见的主题是英国诗歌和虚构作品，如今则是英国科学。赫伯特·斯宾塞、约翰·斯图尔特·密尔、赫胥黎、达尔文和丁达尔已经取代了丁尼生（Tennyson）、勃朗宁、马修·阿诺德和狄更斯的地位。"[24]

1876 年，致力于科学研究、不受任何宗教教派约束的约翰·霍普金斯大学成立，标志着高等教育向前迈出一大步。它的首届校长丹尼尔·科伊特·吉尔曼（Daniel Coit Gilman）请来了正在美国发表巡回演说的赫胥黎在成立仪式上发言。此举乃是校长对蒙昧主义发出的挑战。赫胥黎的讲话大受欢迎，但也毫不意外地招来了神学的仇视。"邀请赫胥黎的行为十分低劣，"一名圣徒写道，"应该做的是邀请上帝到场。但是，如果想让两者一同在场，那就太荒谬了。"[25] 不过，这等抗议并没有阻碍这所年轻大学的发展，它很快就成为科学教育促进事业的少数领军学校之一。警觉的呼喊既没能掩盖也没能降低赫胥黎的人气，他不得不拒绝一部分讲座邀约，他的行踪也受到了媒体的广泛关注。

流行杂志很快也为进化论之争开辟了它们的战场。《北美评论》（*North American Review*）是新英格兰知识分子的传统论坛，它在十年间对进化论的态度很有代表性，从敌对到怀疑，再到勉强接受，最后到赞美有加。1860 年，《物种起源》的一位读者匿名发表书评指出，自然选择需要无穷无尽的时间才能完成，因此达尔文的理论是"空想"。[26] 4 年后，有作者指出，发展假说作为一种构思，"对思辨思维很有吸引力，但是，它只是人的智力企图在自然界中找到的秩序的抽象表达"。[27] 1868 年，自由思想者弗朗西斯·埃林伍德·阿伯特（Francis Ellingwood Abbot）表示，尽管发展假说存在一些次要的分歧，但是它最终可能跻身科学真理的行列。[28] 1870 年，布雷斯称赞自然选择为"这个世纪最伟大的知识事件之一，影响了所有探索领域"。1871 年，该杂志发表了昌西·赖特（Chauncey Wright）捍卫自然选择的文章。这篇文章给达尔文留下了如此深刻的印象，以至于他把它印成了宣传册，用以给英国的读者介绍进化论。[29]

尤曼斯看到了对重视科学新闻的大众杂志的需求。在他的提议下，阿普尔顿出版公司于 1867 年创办了《阿普尔顿杂志》（*Appleton's Journal*），成为第一本大量发表有关斯宾塞和达尔文的文章，也时不时刊登尤曼斯和费斯克的科普文章的杂志。然而，《阿普尔顿杂志》既不是完全人文的杂志，也不是专注科学的期刊，收获的读者甚少。[30] 不过，尤曼斯在 1872 年创办的《大众科学月刊》（*Popular Science Monthly*）大获成功，创刊后没多久就创下了 11000 册的月销量。考虑到它探讨的部分主题的难度，这般成功着实让人出乎意料。月刊中不仅有用于满足大众好奇心的耸人听闻的文章，例如《大火和暴雨》《动物催眠术》《迷信的诞生》《地震及其成因》等，还有科学哲学领域的深入探讨，顶尖科学家的介绍，关于如何调和科学和宗教的讨论，反对蒙昧主义的论战，以及关于最近科研进展的报道。月刊经过高水平编辑，吸引了一批忠实的读者，它是科学复兴在新闻领域的标志性成就。

　　尤曼斯还有另外一个贡献，那便是策划了阿普尔顿著名的《国际科学丛书》。丛书准备邀请当时最杰出的科学名人撰写，并且涵盖一切社会和自然科学领域的知识。在社会科学领域，丛书请来了沃尔特·白芝浩（Walter Bagehot）、约翰·威廉·德雷珀（John William Draper）、斯坦利·杰文斯（Stanley Jevons）、斯宾塞和爱德华·泰勒（Edward Taylor）撰稿；在心理学和生物学领域则请了亚历山大·贝恩（Alexander Bain）、勒孔特、达尔文和亨利·莫兹利（Henry Maudsley）；在物理领域请来了约翰·丁达尔（John Tyndall）等作者。旗下有《国际科学丛书》和《大众科学月刊》，同时又控制着斯宾塞在美国的版权，阿普尔顿成为一场新思想运动的领军者，在进化论的浪潮推动下独占出版界鳌头。

　　《大西洋月刊》（*Atlantic Monthly*）也对争论加以利用，发表了多篇格雷捍卫达尔文学说的早期文章。[31] 但是，为了在达尔文问题上保持中立的态度，编辑们也寻找平衡，刊登了一篇阿加西的反击文章。然而，到了 1872 年，月刊发表了署名为法国科学院的社论，其中提及：

> 　　（自然选择）在德国和英国大获全胜，也几乎在美国获胜。如果说最高等的科学心灵，是能够集结所有制造宏大概括的能力，又能集结验证它们所需的耐心和细致的心灵，那么在牛顿去世后，没有人比达尔文先生更完美地体现了这种心灵，这种说法毫无过分之处。[32]

　　埃德温·劳伦斯·戈德金（Edwin Lawrence Godkin）的杂志《国家》（*Nation*）也为进化论相关的文章提供了有利的——如果不能说是过于显著的位置。为其撰稿的评论家属于最先赞美达尔文、华莱士[①]（Wallace）和斯宾塞的那一批。格雷也匿名为它撰写了一系列评论，

―――――――

① 华莱士，英国博物学家，和达尔文分别独自提出了自然选择的进化论。

其中便包括他对该杂志上出现过的故步自封的博物学家和独断专横的神职人士最不留情的批评。当宗教杂志因为达尔文的《人类的由来》而一片哗然时,《国家》把这本书描述为"关于人类的起源,以及人类与低等动物的关系的最清醒、最公正的呈现"。[33]

科学发展和新兴的理性主义掀起了兴趣的狂潮,报纸对科学和哲学讲座进行的大量详细报道便是最佳证据。在编辑曼顿·马布尔(Manton Marble)的建议下,《纽约世界报》(New York World)报道了费斯克在哈佛的"宇宙哲学"讲座。《纽约论坛报》(New York Tribune)发表并讨论了赫胥黎在纽约的讲稿,像对待皇室来访一般报道他在美国的访问。[34]乔治·里普利(George Ripley),达尔文学说在报刊中响亮的支持者之一,[35]竟然借用本应是纽约论坛报大厦的竣工致辞的文章,通篇含糊不清地讨论起19世纪科学的形而上学含义。[36]文学圈和报纸对自然选择的"全体涉足"让《银河月刊》(The Galaxy)的一名编辑打趣道:"新闻业受其感染如此之深,'适者生存'成了主流文章最常用的逻辑,'性选择'成了最常见的调侃。"他注意到,在《先驱报》(The Herald)驻华盛顿记者近期对国会的新闻快报中,国会成员被用达尔文式的字眼描述成了公牛、狮子、狐狸和老鼠。而在最近的新奥尔良的忏悔节期间,进化缺失的环节成了节日服装的主题。[37]

3

最后,还剩下各个教堂需要攻占。进化论主要拿下了新教较自由的教派中思想活跃的成员。当然,无论是新教还是天主教,完全未受达尔文学说影响的教徒大有人在。镀金时代①最受欢迎的宗教领袖,大概是德怀特·L. 穆迪(Dwight L. Moody),而他的追随者对这门新科学

---

① 镀金时代指19世纪下半叶开始的美国经济和技术快速发展的时期。——编者注

引发的棘手问题，几乎一无所知。原教旨主义能一直延续到 20 世纪，这个现实便说明达尔文的征战尚未完全成功。但是，在 19 世纪末更注重思考的教堂信众中，情绪已经稍有激荡，智性已经开始不满，这为信徒解放心灵、接受进化论打下了基础。[38]

达尔文学说对传统神学的核心构成了多方位的挑战。将近一个世纪以来，由英国神学家威廉·佩利（William Paley）推广开来的设计论一直是上帝存在的标准证明方式。而现在，因为达尔文学说向设计论这个神学基柱发起进攻，许多人认为它必然引向无神论。此外，进化论也摧毁了基督教的传统罪罚观，并由此否定对过去的道德裁决。至少可以说，由于它违背了创世纪版本的创造论，明显削弱了《圣经》的权威。这便是正统教会的最初反应。[39]《人类的由来》在 1871 年的出版更是火上浇油，加剧了教会的愤怒，[40] 因为现在连人类的尊严都公然受到了践踏。达尔文对于人类祖先过于生动鲜活的描述——"多毛，四足，有尾巴，尖耳朵，大概有树栖习性"，让读者中的信徒惊骇不已。

整个 18 世纪 60 和 70 年代期间，达尔文的作品以及与它有关的一切都引起了强烈的敌意。一名牧师坚称，只有当科学家能从动物园抓来一只猴子，再用自然选择把它变成人类，达尔文的学说才能得到证实，而类似的宗教论据还有很多。[41] 论战双方剑拔弩张，让卫斯理大学的神职教授 W. N. 里瑟（W. N. Rice）都责备起了他的同事们对待达尔文的态度，建议他们将批评集中在科学问题本身。[42]

教会最主要的批评点，自然是达尔文主义和有神论之间的矛盾。这也是查尔斯·贺智（Charles Hodge）1874 年的《什么是达尔文主义？》的中心主题。在介绍各种反对达尔文的观点的作品中，这本是最热门的。贺智是一名老派牧师，也是《普林斯顿评论》（Princeton Review）的编辑，当时最宏大的神学论著之一便是他的作品。他算得上是一大批牧师的权威代表。在他这部雄辩的作品中，贺智提醒读者，"《圣经》不会对反对它的人心慈手软。根据《圣经》的宣判，这种人要么是丧失了理智，要么是丧失了道德，要么是两者统统丧失了。"[43] 他宣称，所有与进化论打交道的人都有误入无神论迷途的危险，并列出了拥护唯物论和无神论的嫌犯名单，包括达尔文、赫胥黎、同是进化论者的恩斯特·海克尔（Ernst Haeckel）、化学家爱德华·比希纳（Edward Büchner）和卡尔·福格特（Karl Vogt）。[44] 贺智为达尔文定罪，指控他别有用心地排除了所有设计论的可能，并做出结案陈词，将达尔文学说宣判为无神论的同义词。[45]

来自天主教阵营的批评者也同样毫不留情。欧里斯特·A. 布朗森（Orestes A. Brownson）呼吁对进化生物学采取毫不妥协的政策，这基本是天主教对待进化论的主流反应。比如英国生物学家圣乔治·米伐特（George Mivart）同时是天主教徒和自然选择理论的有力批评者，但也是进化论的支持者，布朗森向他表明不妥协的立场。所有教徒，无论信的是新教还是天主教，只要他们反对达尔文学说不够彻底，就让布朗森非常不满。他主张完全摒弃 19 世纪的地质学和生物学，将它们视为从托马斯·阿奎那（Thomas Aquinas）科学的退步[①]。莱尔、达尔文、赫胥黎、斯宾塞甚至阿加西都没能逃过他的猛烈抨击。在对《人类的由来》的亚里士多德式的分析中，布朗森写道："人类的种差（differentia）[②]是猿类不具有的，是无法从猿类发展而来的。这一点就足够驳倒达尔文的整个理论。"他总结说，创世纪版本的创造论仍然有效，除非其反面得到充分证实，否则必须坚持这个版本，而举证的责任则落在达尔文身上。[46]

最正统的宗教人士感觉他们的立场在劫难逃，因而生出绝望，其他人则做出了让步，转向相对未受波及的立场。早在 1871 年，对进

---

① 托马斯·阿奎那（1224/1225—1274），中世纪最伟大的神学家、哲学家之一。阿奎那的时代还没有现代意义上的实证科学，他自己曾将"思辨科学"分为自然哲学、数学和神学。

② 在亚里士多德哲学中，种差是让一个"种"有差异的特征，例如人可以被定义为"有理性的动物"，其中动物叫作"属"，"有理性的"叫作"种差"，这种定义方法后来在生物分类法中广泛采用。

化论毫不妥协的立场便已经出现败阵的迹象。这一年，普林斯顿大学校长、美国长老会半官方发言人詹姆斯·麦考什（James McCosh）出版了《基督教与实证主义》一书，在书中表达了对发展假说的认同。麦考什是当时正时兴的名为"苏格兰常识"现实主义的宗教哲学的杰出代表人士，在为人上也是基督教正义无可非议的化身。普林斯顿大学特意将麦考什从苏格兰引荐过来，目的就是给学校增添威望。这样一位人物接受发展假说，承认自然选择至少是真理的一部分，并且是在一本旨在通过设计论捍卫有神论的书中，其意义不言而喻。麦考什写道：

> 达尔文学说不能被视为已经有定论的问题……我倾向于认为，这个理论包含大量重要事实，我们可以在有机自然界的各个范畴内观察到这些事实；但是，它不是真相的全部，它忽略的东西比观察到的东西更多……自然界展现了（自然选择）这个原理，而且它带领着植物和动物世代发展，对此我没有疑义……但是，没有证据表明其他原理就不存在。[47]

麦考什无法接受将自然选择运用到人类身上，原因是特殊创造能更好地解释人类独有的精神特征。但是，对正统宗教的损害已经产生。尤曼斯在 1871 年给斯宾塞的信件中写道：

> 这里发生的事情太疯狂了，我从未听说过类似的情形。《人类的由来》已经印刷过万份，我猜它们已经被一抢而空。自由思想的发展进程引人瞩目。每个人都在寻求解释。教会慌作一团。麦考什告诉他们不用担心，因为无论有什么新发现，他都能在里面找到上帝的设计，把上帝放到背后。25 个布鲁克林牧师约我在某周六晚上与他们会面，让我告诉他们要怎么做才能得到拯救。我告诉他们，生命之道蕴含在生物学中，在《人类的由来》中。他

们说，非常好，然后邀请我参加下一次教会聚会，于是我去了，而且又一次凯旋。[48]

美国最有影响力的宗教报纸是《独立报》（*Independent*），拥有6000名牧师订阅者，是最早对进化论表示相对好感的报纸之一。这份报纸上对《物种起源》的首篇书评含蓄地指出，作者似乎把造物主放在了"有灵世界"之外，但认可了它所包含的丰富科学素材。在该报后来的文章中，《物种起源》变得值得"神学家和科学家认真研读"。此前，直到19世纪60年代后期，《独立报》都在阿加西的影响下保持着警惕态度，但此时它也做出了妥协，承认达尔文主义没有违反有神论；而这种妥协总是意味着未来更多的让步。大约在此时，调和进化论和经文的种种努力也开始出现，但往往十分牵强。一名评审者写道："只要《圣经》没有断言，物种是由权威下令创造成各不相同的样子的，我们或许就可以容忍动物学家的空想，同时不让它们戳到我们的神学神经。"[49] 而到了1880年，《独立报》的态度已经发生了一百八十度的转变，发表了多篇支持进化论的文章。[50] 其他刊物改变观点的速度更慢，但此时，达尔文学说已经出现了20年，哪怕是最保守的媒体也表现出了动摇的痕迹。[51]《新英格兰人》（*New Englander*）是新英格兰州神职人员的重要刊物。起初，《新英格兰人》批评达尔文试图复苏"一个早已粉碎的旧理论"，而到了1883年，它发表了一篇有意思的文章，笔调明显缓和，承认一些基督教徒确实是歇斯底里了，并宣布："我们对永生的期待有了崭新的信念来支撑。称进化论者否认更高等的来世的可能性，是最明显的自我矛盾。"[52]

自由派牧师皈依达尔文也少不了科学界人士的帮助和支持。格雷便不辞辛苦地强调，自然选择对于设计论并无影响，达尔文本人也是一名教徒。[53] 格雷还回应了那些认为物种起源只能是一个超自然问题的人，称这些人武断地缩小了科学的领域，却没有扩充宗教的领域。勒孔特的《宗教与科学》是一本《圣经》式的宣讲集合，作者在书中也发表了和格雷一致的观点，指出无论物种是否发生过演变，无论进化的可能过程是什么样的，设计论本身都不会受到影响。他呼吁，不应将科学视为宗教的敌人，而应将其视为研究第一因在自然界中运作方式的补充工具。①无论科学可能发现什么，都不影响上帝作为第一因的前提。[54]许多进化论支持者，例如勒孔特、丹纳、麦考什，都是无可置疑的基督徒，自由派神学家在论辩中充分利用了这个事实——他们的存在本身就是宗教和科学能够和解的标志。[55]

当亨利·沃德·比彻（Henry Ward Beecher）在达尔文和斯宾塞的共同影响下加入进化论一派时，美国进化论阵营迎来了最强大的宗教支持者。比彻的书《基督教联合会》有着10万册的发行量，通过这本书和由他在普利茅斯教会的继任者莱曼·阿伯特（Lyman Abbott）担任编辑的杂志《展望》（Outlook），比彻的新神学广泛传播，产生了解放思想的作用。比彻能调解宗教与科学的矛盾，离不开他享誉全国的名誉，他精彩绝伦的雄辩能力，还有刚刚从清教的压制中解放带来的健康的欢乐。他最主要的理论贡献，是对神学的科学和宗教的艺术进行的细致区分：神学可以更正、扩充、被进化论解放，而宗教则是人的品性中固定不变的精神部分，无法改变。[56]他称自己是"友好的基督教进化论者"，公开承认斯宾塞是他的思想启蒙者。比彻还用商业化的语言解释了设计问题的解决方法，提醒读者"批发的设计比零售的设计更宏大"。[57]阿伯特同意这个观点，除此以外，他还抛弃了传统的罪论，认为它不仅是对人类的侮辱，也是对上帝的亵渎。阿伯特认为，应该用进化论代替罪论，将所有不道德的行为都视为动物性的失足。罪仍然令人憎恶，但应该抛弃原罪的学说，后者包含对上帝的诽谤。[58]

到了19世纪80年代，支持宗教与科学和解的各大论据已经清晰起来。宗教不得不与科学分享它的传统权威，美国思想在很大的程度

---

① 基督教认为第一因（first cause）是上帝，阿奎那就曾经用"第一因"论证上帝的存在。

上也世俗化了。进化论已经深入各个教会，在新教神学的杰出人物中，已经没有任何一个人还试图反驳它。但是，在牧师的巧妙改造下，进化论也被用来服务"神圣"的目的，权威思想从科学注入宗教，让宗教也改头换面。曾经的宿敌很快便在同一个阵营内打成一片，他们新的共同敌人是针对美国未来的悲观主义和怀疑论。无神论的幽灵不再是威胁。一般认为，大学是无神论出现率最高的地方，但调查却显示，相信无神论的大学生实际上很少。[59] 一名牧师写道，从美国无信仰者的阵营中，没有产生"一个在世界甚至国家范围有名气的人"，这丝毫不是夸张。[60] 对此，菲利普斯·布鲁克斯（Phillips Brooks）解释道："高歌'唯其荒谬，遂我信仰'（credo quia impossibile）[①] 的精神，即信仰包含的英雄主义精神，是深植在人性中的，无法被任何一个时代消除。"[61] 比彻告诉普利茅斯教会的信众，"人类心灵的结构就决定了它必须信仰宗教"。他继续写道：

> 它要么相信迷信，要么相信有智慧的宗教。它对于人类不可或缺，像理智一样，像想象一样，像希望和欲望一样。宗教的希冀是人的组成部分。即使去除一切神学框架，即使取缔罗马教会，撕毁它的教义，粉碎整个新教体系，人依然是宗教的动物，需要也不得不为自己创建宗教系统。[62]

镀金时代全盘接受了这些宗教情感。

---

① 拉丁语，意思是因为一件东西（即宗教）荒谬，所以选择信仰它。启蒙时期作者经常援引这句话来反对基督教。

Social Darwinism
in
American Thought

第二章

斯宾塞旋风

Passage 2

在我看来，赫伯特·斯宾塞不仅是我们时代最深刻的思想家，也拥有整个历史上最渊博、最强大的才智。若是把亚里士多德师徒与他们之前的思想家相比，会把后者比得像侏儒；而斯宾塞则超越了亚里士多德师徒，把他们比得像侏儒。和斯宾塞比起来，康德、黑格尔、费希特和谢林也不过是在黑暗中摸索的盲人。整个科学史上，只有一个人能与他齐名，那便是牛顿。

——F. A. P. 巴纳德（F. A. P. Barnard）

我是一个彻头彻尾的美国人。我相信，伟大的文明事业将在这里完成。我们需要思想——宏大的、系统化的思想。我也相信，对于我们的需求，没有任何人的思想比您的更有价值。

——尤曼斯致斯宾塞

1

"因为美国社会的特征，您的写作在这里比在欧洲传播得更活跃，成果更丰盛。"[1] 比彻于 1866 年给斯宾塞的信中写道。比彻没有解释，为什么美国人更容易对斯宾塞采取开放的态度，但这番话确实言之有理。斯宾塞的哲学十分适合美国的土壤。它在推理上科学严谨，在范围上覆盖面广泛，它的进步理论建立在生物学和物理学之上，令人信服。它包罗万象，可以为任何人提供他们想要的解释，无论是罗伯特·G. 英格索尔（Robert G. Ingersoll）等不可知论者，还是费斯克和比彻之类的有神论者，它都可以满足。它提供了一套完整的世界观，让它普遍适用于自然界中的一切，从原生质到政治无所不包。它满足了摩西宇宙论 ① 破碎之后，"高级思想者"对新的世界体系的欲求，让斯宾塞的公众影响力迅速提升，甚至超越了达尔文。此外，它不是仅面向内行人的佶屈聱牙的文本，而是用简洁的语言写作，即使是哲学门外汉也可以理解。[2] 它很快让斯宾塞成了象牙塔外知识分子爱戴的形而上学家，朴素的怀疑论者信奉的先知。尽管其影响力远超其内在价值，斯宾塞的哲学系统仍可以作为美国思想的研习者的化石标本。从这个标本出发，可以还原出当时的思想体系。针对斯宾塞的影响力，奥利弗·温德尔·霍姆斯（Oliver Wendell Holmes）曾经说过，他怀疑"除了达尔文，还有任何英文作者对我们思考宇宙的方式产生了如此重大的影响"，这种怀疑丝毫不为过。[3]

当斯宾塞哲学在美国一路高唱凯歌时，其他如今为人熟知的思潮才刚刚起步。新英格兰超验主义 ②（Transcendentalism）的萌芽刚刚兴起，出现更晚的受黑格尔启发的哲学唯心主义还在地平线上若隐若现，实用主义刚刚在昌西·赖特和尚未受赏识的查尔斯·皮尔斯（Charles Peirce）的脑海中发芽。皮尔斯 1878 年的《如何使我们的观念清楚明白》现在颇负盛名，但它的发表要比斯宾塞的《综合哲学体系》第一卷晚 14 年。詹姆斯在加利福尼亚工会上的讲话打响了实用主义传播的第一炮，而这个象征时代分水岭的讲话则发表在 1898 年。不过，斯宾塞的《综合哲学体系》在美国思想史上的地位，决不仅是填充新英格兰超验主义和实用主义之间的空白。尽管爱默生（Emerson）称斯宾塞是"老套的作家"，詹姆斯也把许多最尖锐的挖苦指向了这名"维多利

---

① 指《圣经·创世纪》中关于世界起源的解释。

② 新英格兰超验主义是 19 世纪 30 年代在新英格兰兴起的唯心主义运动，受浪漫主义、柏拉图主义和康德哲学影响，认为自然和人性中包含神性，强调人与神的直接交流，这便打破了新教的人性恶、宿命论等悲观教条的传统，代表人物包括爱默生和梭罗等。

亚时代的"亚里士多德,在大多数和斯宾塞同时代的受过教育的美国人眼中,斯宾塞是一位伟大人物,是大学问家和思想史上的巨人。

新英格兰成了美国人接受斯宾塞哲学的土壤。《综合哲学体系》是斯宾塞在美国影响力的摇篮,而《综合哲学体系》分卷预订者名单上充斥着新英格兰学术界风云人物的大名,例如乔治·班克罗夫特(George Bancroft)、爱德华·艾弗雷特(Edward Everett)、费斯克、格雷、艾德华·艾弗雷特·海尔(Edward Everett Hale)、詹姆斯·罗素·洛厄尔(James Russell Lowell)、温德尔·菲利普斯(Wendell Phillips)、杰瑞德·斯帕克斯(Jared Sparks)、查尔斯·萨姆纳(Charles Sumner)和乔治·蒂克诺(George Ticknor)等。[4] 新英格兰超验主义和一位论①(Unitarianism)打破旧正统观念、解放美国知识分子的心灵的作用或许无法被具体衡量,但是任何人若是去研究美国内战后的思想趋势,都绝对可以感受到这种作用的影响。斯宾塞这部作品能够持续出版,靠的正是美国人的功劳。1865 年,因为作品前几卷的销售盈利微薄,斯宾塞面临着不得不放弃继续写作的困境时,尤曼斯从美国人手中筹到了出版所需的 7000 美元。[5]

《综合哲学体系》在出版后短短几年便成为许多美国读者耳熟能详的作品。《大西洋月报》(*Atlantic Monthly*)在 1864 年评论:

> 赫伯特·斯宾塞先生已经成为世界上的一股响当当的力量。他已经影响了数位思想家的安静生活,这些思想家的高度需要当代文明努力高攀才能企及。在美国,或许我们现在便应该承认斯宾塞先生的写作对我们的价值,因为比起其他地方,这里的大众能够更快地认可少数人眼中的真理的价值。……斯宾塞先生是这个年代科学精神的代表。他记录了感官经验领域内的一切,宣布了所有能够从中通过细致归纳推出的结论。哲学家不可能走得比

---

① 反对教会正统观念,尤其是三位一体观的基督教派别。

这更远……斯宾塞先生提出的原理，现在不得不屈从于一个满是偏见和既得利益的年代，但在未来会成为更完善的社会的基础。[6]

内战后的 30 年内，任何人想要活跃在任何学术领域，掌握斯宾塞思想都是必不可少的。[7]几乎每位一流和二流美国哲学思想家——包括詹姆斯、罗伊斯、杜威、鲍恩（Bowne）、哈里斯、豪森（Howison）和麦考什，都在某个时间点与斯宾塞思想打过交道。他对大部分美国社会学奠基者都产生了深刻的影响，尤其是沃德、库利、吉丁斯、斯莫尔和萨姆纳。库利说过。"我想，我们这些从 1870 年到 1890 年投身于社会学的人，几乎都是受斯宾塞的启迪而选择这条路的。"他继续写道，

> 他的《社会学研究》，或许也是他最可读的作品，不仅销量可观，而且在引发对社会学的兴趣上所做的贡献可能比任何在它之前或之后的作品都要多。无论我们能够对他提出什么批评，让我们先认可他在有效宣传上取得的成就。[8]

在尤曼斯的领导下，阿普尔顿出版社不断利用斯宾塞的热度，这让他的文章和关于他的文章如同星火燎原般在各大热门杂志中传播开来。将尤利西斯·格兰特[①]视为英雄的那一代人将斯宾塞视为他们的思想家。一些年后，亨利·霍尔特（Henry Holt）写道：

> ……史上任何哲学家大概都没有取得过斯宾塞在 1870 年到 1890 年所取得的热度。先前的哲学家大多数吸引的都是热衷于哲学研究的读者，而斯宾塞不仅得到了广泛的阅读，还受到整个英格兰和美国智识界的广泛谈论，而这是一个比先前都要广

---

① 尤利西斯·格兰特，内战时率领联邦军队（北方）获胜，后任总统。

的智识界。[9]

　　斯宾塞对美国大众的影响虽然难以估量，但还是可以管中窥豹。许多后来成名的人在写作中不经意地提到过他，从这点便可以看出，许多或多或少自学成才的人，还有来自五湖四海努力挣脱正统宗教的桎梏的人，都是他的读者。西奥多·德莱赛（Theodore Dreiser）、杰克·伦敦（Jack London）、克拉伦斯·丹诺（Clarence Darrow）和哈姆林·加兰（Hamlin Garland）都暗示过斯宾塞对他们的成长岁月产生的影响。约翰·康芒斯（John R. Commons）在自传中描述了他在印第安纳州度过童年期间，他的父亲及其友人对斯宾塞的迷恋：

　　　　他（父亲）和他的好友热衷于讨论政治和科学。在印第安纳州的东部区域，他们每位都是共和派，生活在内战的喧嚣声中，每位都是赫伯特·斯宾塞的追随者。那个时候，斯宾塞闪耀着进化论和个人主义的光芒。1888年，在美国经济学会的会议上，我听到伊利教授批判斯宾塞，说他误导了经济学家，这让我十分震惊。我是在印第安纳精神（Hoosierism）、共和主义、长老宗和斯宾塞主义的熏陶下成长的。[10]

　　从1860年首次出版到1903年12月，斯宾塞的书在美国一共卖出了368755册，这个销量在哲学和社会学这种晦涩的领域大概是无可匹敌的。[11]此外，要正确估算斯宾塞影响的人数，还需要考虑到书本在人与人之间的传阅和在图书馆之间的流传。当然，肯定不能说他的思想的流传和接受是成正比的，批评之声自然也少不了。《国家》杂志的一名书评人在1884年斯宾塞的风潮尚未结束时写道："那些审视或反驳斯宾塞的书现在已经可以填满整个图书馆。"[12]而批评的存在，也是斯宾塞铺天盖地的影响力的明证。

2

斯宾塞和他的哲学是英国工业化的产物。因此，这位新时代的发言人接受的是土木工程师训练，这也不足为奇。而他的科学思想——能量守恒和进化思想——则是间接从他早期的水力工程学观察和人口理论中得出的。斯宾塞的系统诞生在钢铁和蒸汽机、竞争、剥削和斗争的时代，也属于那个时代。

斯宾塞于 1820 年出生在一个中产阶级下层、反传统的英国家庭。他把自己终身对国家权力的极度憎恶归结于自己的出身。他早年为自由贸易的喉舌刊物《经济学人》工作时，曾经与托马斯·霍吉斯金（Thomas Hodgskin）——一名戈德温派哲学无政府主义者——有过短暂的交情，而且显然也吸收了后者的理论。斯宾塞的思想是在光芒熠熠的英国科学和实证思想的照耀下成形的，他的《综合哲学体系》则结合了他家庭的反传统理念和他的学术环境中弥漫的科学精神。斯宾塞融为一体的综合系统囊括了莱尔的《地质学原理》、拉马克的发展理论、胚胎学中的冯·贝尔定律、神学家柯勒律治的宇宙进化律、霍吉斯金的无政府主义、反谷物法同盟的自由放任原则①、马尔萨斯对未来的悲观预测以及能量守恒原理。斯宾塞的社会思想必须放在这个整体哲学框架下才能理解，他的社会法则是他的普遍原理的特殊应用。[13]而他的社会理论在美国的吸引力，在很大的程度上便源于他对知识的整合。

斯宾塞进行整合的目的，是将物理和生物学的最新发现归并到同一个逻辑自洽的体系中。当自然选择还在达尔文头脑中酝酿时，多位热力学专家已经通过研究发现了一个颇具启发性的规律。焦耳、迈尔（Mayer）、亥姆霍兹（Helmholtz）和开尔文等物理学家在研究了热

---

① 1815 年，英国出台《谷物法》对谷物进出口进行管制，谷物价格高，商人却无法进口，反谷物法同盟是从曼彻斯特兴起的抵抗这部法律的运动。

能和动能的关系后，提出了能量守恒原理，该原理在亥姆霍兹的《论力的守恒》（1847）中得到了最清晰的阐述。能量守恒与自然选择一起获得了广泛认同，在这两个发现的共同作用下，19世纪自然科学的地位大幅提升。一个新的信念也应运而生：科学完成了宇宙画像最后一笔，这是一个自给自足的宇宙，里面的物质和能量永远不会被摧毁，只是在不断变换形式，其中多样的生物物种，是宇宙体系不可或缺的组成部分，也是宇宙体系的产物，它们可以被人类了解。先前的哲学过时了，就像18世纪时的前牛顿哲学所经历的一样。各种机械世界系统观兴盛起来，标志着科学观向自然主义的转变，这个转变由化学家比希纳、海克尔、科学唯物主义者雅各布·莫莱斯霍特（Jacob Moleschott）、化学家威廉·奥斯特瓦尔德（Wilhelm Ostwald）和斯宾塞本人见证。在新一代的思想家中，斯宾塞将从科学得出的结论运用到了社会领域的思考和行动上，在这点上，他是最像18世纪哲学家的。

能量守恒，或者用斯宾塞更偏爱的术语"力的恒久性"，是他的演绎系统的起点。力的恒久性体现在一切形式的物质和运动中，是人类探究的对象，也是构建哲学理论必用的原料。在宇宙的任何地方，都可以观察到物质和运动在不停地重新分配，它是进化和退化之间有节奏的分配。进化是物质的整合，它伴随着动能的消耗。退化是物质的分解，它伴随着动能的吸收。生命过程在本质上是进化的，它从无条理的同质性发展到有条理的异质性，前者由低等原生质代表，后者由人类和高等动物代表。[14]

斯宾塞从力的恒久性推断得出，任何同质的东西在本质上都是不稳定的，因为恒久的力对其不同部分产生的作用不同，所以差异必然在未来的发展过程中出现。[15] 因此，同质的东西必然会发展成为异质的。这便是普遍进化的关键所在。从同质到异质的发展——例如从星云到地球，从低等简单物种到高等复杂物种，从同质的细胞群到胚胎、人类心灵的成长，乃至社会的进步——是人类可知的一切工作的原理。[16]

斯宾塞称这个过程为"平衡化"，它的最终结果是一种平衡状态，无论是在动物有机体还是在社会中都是如此。平衡化是必然会达到的结果，因为进化的过程不可能沿着异质性增长的方向永远持续下去。"进化有着不可能逾越的极限。"[17] 这里，宇宙节奏的规律也起着作用：进化之后是退化，整合之后是解体。这在生物体中体现在死亡和腐烂上，在社会中体现在稳定、和谐、完全适应的状态的建立上，在这样的状态中，"进化只可能在最完美和最完全的幸福中结束"。[18]

这个气势逼人的看似实证主义的理论大厦能够在美国被接受，完全离不开它在宗教问题上做出的让步——斯宾塞的不可知者学说。① 那个时代的大问题，是宗教与科学能否调和的问题。人们想要肯定的答案，而斯宾塞不仅给出了肯定的答案，还向后世保证，无论科学能带来什么关于世界的新知识，宗教的真正领土——对不可知者的崇拜——在本质上都是不可能被侵犯的。[19]

对于坚守正统宗教立场的人来说，斯宾塞的理论让步并不比格雷或者勒孔特的更容易接受，19 世纪 60 年代的宗教杂志中经常出现对斯宾塞哲学的批判。但是，在对自由主义更宽容的宗教领袖眼中，斯宾塞大有值得赞扬的地方。虽然麦考什一类的思想家认为"不可知者"的概念过于笼统，不适合被信仰和崇拜，但是另一些人愿意把它等同于上帝。[20] 此外，还有人在斯宾塞从利己主义到利他主义观点的转变中，看到了和基督教伦理的教诲相似的地方。[21]

3

因为斯宾塞假设普遍进化律的存在，所以他将生物进化的范式运

---

① 斯宾塞认为，事物的现象是可知者（knowable），属于科学的范畴；事物的本质是不可知者（unknowable），属于宗教的范畴，两个范畴是分离的，所以科学不违背宗教。

用到了社会上。如果斯宾塞体系的普遍规律是成立的，那么社会结构和社会变化的规律一定与宇宙的规律一致。斯宾塞以及他后来的社会达尔文主义者，将进化论的生物学框架搬到了社会上。这恰好是逆转了进化论的诞生过程。一方面，"适者生存"是有反思能力的观察者把他们在 19 世纪初社会中观察到的残酷过程运用到生物学领域的结果，达尔文学说是政治经济学的衍生品；另一方面，工业革命早期的凄惨社会条件为马尔萨斯的《人口论》提供了素材，而马尔萨斯的观察则是自然选择学说的根基。[①] 达尔文理论起源的社会烙印是显而易见的。尼采曾经观察到，"在整个英国达尔文主义之上，隐约漂浮着贫困中卑微之人的气息"。[22] 达尔文也亲口承认过马尔萨斯对他的深刻启发：

> 1838 年 10 月，也就是我的系统探究开始后的第 15 个月，我在闲读时恰巧读到了《马尔萨斯的人口论》一文。我对动植物的长期观察，已经为我赞同无处不在的生存斗争打下了基础，于是我立即想到，在这种情况下，有利的变异往往会被保留，不利的变异则会遭到毁灭。而这个过程的结果，便是新物种的形成。[23]

与达尔文同一时期发现自然选择的华莱士也曾经表示，马尔萨斯为他提供了他"找了很久的解释有机物种进化的有效理论"。[24]

斯宾塞的社会选择理论也是受马尔萨斯的启发而写作的，而且起源于他对人口问题的关注。1852 年，也是在达尔文和华莱士共同发表他们的理论概述之前 6 年，斯宾塞已经在两篇著名文章中提出了如下观点：生存对人口造成的压力对人类种族是有益的。从开始出现人类之时，这个压力便是进步的直接原因。通过对技艺、智力、自制力和

---

① 根据马尔萨斯的人口论，人口以指数级增长，而粮食以线性速率增长，生活资料的增长永远赶不上人口的增长，只有通过专门手段（例如战争、瘟疫、用繁重劳动和贫困消除下层人口等）才能抑制这个趋势。

通过技术创新适应环境的能力施加要求，它推动了人类的进步，并在每个代际中选择出最适合生存的个体。

与达尔文不同，斯宾塞没有将他的结论运用到整个动物世界，尽管他提出了"适者生存"的字眼，却未能从其洞见中获取最丰盛的成果。[25] 比起身体的进化，他更关注心灵的进化，而且还接受了拉马克的理论，认为后天性状的遗传是物种衍生方式的一种。这个学说也体现了他对进化的乐观态度。因为，如果心理性状和生理性状一样可以遗传，那么人类种族的智力便可以不断积累和增长，经过一代一代地发展，最终进化出理想的人。斯宾塞一直没有放弃他的拉马克主义，哪怕科学舆论的大势已经走到了他的反面。[26]

伦理和政治思考在斯宾塞思想的形成中占了主要地位。斯宾塞自己肯定也会同意这种说法。他在《伦理学的素材》的序言中写道："我的最终目标，所有其他目标背后的终极目标，是为行为的对与错找到科学根基。"因此，他的写作生涯起始于伦理学，而不是形而上学，便也不足为奇了。他的第一本著作《社会静力学》（*Social Statics*，1850）的主旨，便是用生物学法则巩固自由放任主义。该书是对边沁主义的攻击，尤其反对了边沁所强调的立法在社会变革中的积极作用。[①] 尽管斯宾塞认同边沁的终极价值标准，即最多数人的最大幸福，但是斯宾塞并不认同功利主义伦理的其他方面。他呼吁重归自然权利，也就是在伦理标准上，认为每个人都有为所欲为的权利，唯一必须满足的前提是不侵犯他人同等的权利。在这个框架中，国家的唯一功能是消极的，即保证这种自由不受限制。

斯宾塞相信，人的品性对生活环境的适应，是一切伦理进步的基础。一切恶均源自"素质对条件的不适应"。因为适应过程存在于有机

---

① 杰里米·边沁，英国哲学家、改革者，功利主义之父，功利主义的"功利"在于伦理学实际产生的效益（幸福），具体来说便是"多数人的最大幸福"。

体的本性中，并不断发挥着作用，所以所有的恶都会趋于消失。虽然人类的道德素质中仍然充满了掠夺性生活所需的自我肯定留下的烙印，但是适应的过程保证人类最终将发展出符合文明生活需要的新道德素质。人类不仅能够变得完美，也必然会变得完美。

> 理想的人最终会出现，这在逻辑上是肯定的，其确定性和一切我们不假思索相信的结论相当。例如，所有人的死亡都伴随着进步，这就不是偶然的，而是必然的。文明不是人为的，而是自然的，这和胚胎的发育或花朵的绽放一脉相通。[27]

斯宾塞的作品虽然在一些次要主题上表现出了激进性，例如私有土地所有权的不公正性，女性和儿童权利，以及只有斯宾塞提过但又在他后来的写作中被摒弃的"无视国家的权利"等，但是其主要倾向是极端保守的。他断然反对国家干预社会不受阻挠的"自然发展"，这也让他反对国家向穷人提供任何援助。斯宾塞写道，穷人缺乏适应性，因此理应被淘汰。"大自然的全部努力就是要摆脱这类人，从世界上把他们清除掉，以便为更好的人腾出地方。"大自然既对心灵素质有高标准，也对身体素质有严要求。"这两种中的任何一种出现严重缺陷，都可以导致死亡。"因为愚蠢、恶习或懒惰而丧失生命的人，和内脏虚弱或肢体畸形的受害者属于同一个类别。他们都在自然法则的统治下接受相同的考验。"如果他们自我提升到能够活下去，那么他们就会活下去，而且他们也应该活下去。如果他们没有完善到能够活下去，他们就会死去，而且他们死去才是最好的。"[28]

斯宾塞不仅抨击济贫法，也批评了公立教育、除防治瘟疫外的所有卫生监管政策、住房条件管控，甚至反对国家保护无知者不受庸医之害。[29]同样，他也反对关税、国家银行、政府邮政系统。这是对边沁的斩钉截铁的回应。

在斯宾塞的晚期作品中，社会选择的重要性有所降低，但一直没有完全消失。到底斯宾塞的社会学在多大程度上是基于生物学的，在这点上从未有过共识。他的系统包含许多不一致性和模棱两可之处，许多斯宾塞的诠释者也因此出现，其中最不辞劳苦、最积极的拥护者，便是斯宾塞本人。[30] 斯宾塞将生物学概念运用到了社会法则上，其中的残酷无情遭到了不少指控，他不得不一再强调，他并不反对自愿向不适应者提供援助的私人慈善，因为它可以提升捐献者的品性，加速利他主义的发展，他只反对强制的济贫法等国家措施。[31]

斯宾塞的社会理论在《综合哲学体系》得到了更充分的阐释。其中《社会学原理》包含长篇幅的对社会的生物学解释。斯宾塞追踪了社会和动物躯体在生长、分化和整合上的相似之处。[32] 他坚信，尽管社会有机体和动物有机体各有不同的目的，但是它们的组织规律没有区别。[33] 在不同社会之间和不同有机体之间都存在生存斗争。这种斗争曾经对于社会进化来说必不可少，因为它允许小的群体不断合并成更大的群体，并催生了社会合作的最初形式。[34] 但斯宾塞是和平主义者与国际主义者，他没有将这般分析应用到他所处时代的社会上。他断言，在不同社会之间进行的斗争的有效性会逐渐减弱直至消失。随着社会在斗争和征服的过程中合并，持续的冲突将不再必要。此时，社会便从野蛮的好战阶段进入工业阶段。

在好战阶段，社会进行组织的主要目的是生存。它招兵买马，进行军事训练，依赖专制的国家，湮没个人，并将大量的强制性合作强加于人。在这些进行斗争的社会中，军事特征最发达的社会将生存下来，而最适应军事社会的个体则会占据支配地位。[35]

好战的国家之间发动战争，其结果是社会单位不断扩大，这也让内部和平的范围和常态化专注于工业技艺的区域不断扩大。好战类型此时便达到了平衡状态并将进化，工业社会便是这样产生的。它是契约的社会，而不是地位的社会。和先前的社会不同，工业社会和平，[36] 尊重个体，更异质化，更具可塑性，更愿意为了与其他国家进行工业合作放弃经济自治。此外，自然选择将在人类中选择一种全新的品性。

工业社会需要保护生命安全、自由和财产，最契合这种社会的品性是和平、独立、善良、诚实。新的人性应运而生，这将加速从利己主义到利他主义的过渡，而利他主义最终会解决一切伦理问题。[37]

斯宾塞强调，工业社会中为生存而进行的合作必须是自愿的，不能是强制的。社会主义者所提出的国家管控生产和分配，更像好战社会的组织结构，对工业社会的生存则是致命的；它奖励低等的人，惩罚高等的公民及其后代，采取这种举措的社会只会被其他社会超越。[38]

斯宾塞在《社会学研究》中概括了社会科学在他眼中的实用价值。这本书最初于1872至1873年间在《大众科学月刊》上连载，后来被收录到了国际科学丛书中，它旨在展示自然主义社会科学的益处，反驳神学家和非决定论者对社会学的批评。这本书对社会学在美国的兴起产生了显著的影响。[39]斯宾塞的希望是通过发展关于社会的科学，粉碎立法改革者的幻觉。后者主要的假设是，社会层面的因果关系简单、容易推测，旨在救世济民的计划一定会取得预想中的效果。而社会学这门科学，会通过教导人们科学地思考社会中的因果关系，让他们意识到社会有机体的高度复杂性，从而终结被当作灵丹妙药的草率立法。[40]在达尔文的"长期、逐渐改变"的进化观的支撑下，斯宾塞奚落了快速的社会改革计划。

根据斯宾塞的构想，社会学肩负的伟大使命是"记录社会进化的正常历程"，展示它如何受任何一个给定政策的影响，并批评一切干扰行为。[41]社会科学作为实用工具的作用只能是消极的，它的目的不是主动指导对社会进化的有意控制，而是展示出一方面，这种控制完全不可能实现；另一方面，有组织的知识作用的极限，是教导人们主动臣服于进步中的动态因素。斯宾塞写道，真正的社会科学的作用，是进步的润滑剂，而不是推动力：它可以让进步之轮前进得更顺畅，为其减少阻力，但无法为轮子提供前进的动力。[42]"没有什么比让社会不受阻碍地发展更好的事了；为了错误观念而实施的措施，可能会通过扰乱、扭曲和压抑等方式产生诸多损害。"[43]斯宾塞总结道，任何合格的社会理论都必须认可生物学的"普遍真理"，而且不应该通过"人工地保留那些最不擅长照料自己的人"而违反选择的法则。[44]

4

内战后，美国迅速扩张，社会中充斥着剥削的手段和杀红眼的竞争。这个国度不相信失败的存在，简直成了达尔文主义"生存斗争"和"适者生存"等原则的讽刺画像。成功的企业家几乎是本能地接受了出自达尔文的口号，因为它们似乎诠释着他们的生存境况。[45]企业家往往不是下笔成章的社会哲学家，但如果我们大致重构他们的社会观，那么应该可以看到，他们的想法和社会选择之间确实有具有说服力的相似性，也可以看到斯宾塞系统包含的进化乐观主义多么受他们欢迎。在一个沉浸在进步的福音的国家，即使是对于伦理观不像商人那么狭隘的人来说，物质成功也是极有吸引力的。惠特曼在《民主的前景》中写道："我清楚地看到，这种极度充沛的商业活力，这种席卷美国的对财富近乎躁狂的贪婪，是改善和进步的组成部分，它们对于取得我所期求的结果来说，是必不可少的。我的理论包括财富及财富的取得……"无疑，许多人会为铁路大亨昌西·德普（Chauncey Depew）的这个观点叫好：纽约市各大晚宴中云集的宾客，代表了成千上万前来这里寻求名誉、财富或权力的人中能够生存下来的最适者，是他们的"高人一等的能力、前瞻力和适应性"让他们得以在大都会激烈的竞争中拔得头筹。[46]另一名铁路商人，詹姆斯·J. 希尔（James J. Hill），则在一篇支持商业兼并的文章中论述道，"铁路公司的财富由适者生存的法则决定"，他还暗示，大型铁路公司吞并小型铁路公司代表了产业中强者的胜利。[47]深谙竞争门道的洛克菲勒则在一次于主日学校的发言中说道：

大企业的成长，不过是适者生存而已……只有在围绕它的花蕾天折后，美国玫瑰才能绽放出它的瑰丽和香气，给其欣赏者带来愉悦。在商业中，这并不是什么邪恶的倾向。它不过是自然和上帝的法则在运作。[48]

斯宾塞最声名显赫的学徒莫过于卡耐基。卡耐基找到了斯宾塞，成为他的密友，也对他大献殷勤。卡耐基在自传中讲到了自己在对基督教神学的信仰崩塌后经历的困扰和困惑，直到他去读了达尔文和斯宾塞的作品。

> 我记得，光芒像洪水一样，把一切阐明。我不仅仅是摆脱了神学和超自然——我发现了进化的真理。"一切都挺好，因为一切都会变好"成为我的座右铭，我真正的慰藉。人不是注定要堕落，他已经从低等形式发展到了更高的形式。他通向完美的路径也没有可以想象的终点。他的面孔朝着光，他站在阳光下向上看。[49]

发现社会法则建立在自然秩序中亘古不变的法则之上，或许也是一种慰藉。卡耐基自认为他最好的作品之一是一篇发表于《北美评论》的文章，他在其中强调了竞争法则的生物学基础。卡耐基说，无论这个法则表面的残酷让我们多么想反对它，"它都存在。我们无法躲避它，也尚未找到它的替代品。尽管这个法则有时可能对个人来说是残酷的，但对于种族来说，它是最好的，因为它保证在任何领域，生存下去的都是最适合生存的"。即使对于文明来说，最终摆脱这种个体主义的基础或许值得向往，但这种变化在我们的时代并不符合实际。它应该属于"长时间连续的社会变更"之后，而我们的使命则属于眼下。[50]

接受斯宾塞的社会思想，与接受其整体思想密不可分，不过，他成功的原因或许部分也在于他说出了美国社会的保守主义守护者希望听到的东西。当时的进步主义和改革团体，包括农民协进会、绿背党、单一税制支持者、劳工骑士团、工会主义者、平民主义者、乌托邦主义者、马克思主义者等，都对自由企业的模式构成了挑战，他们或是要求通过政府行为进行变革，或是坚持应该彻底改造社会秩序。面对来自进步主义者的不断升温的批评，希望维持现状的人迫切地需要找到理论层面的反击。钢铁大亨亚伯兰·休伊特（Abram Hewitt）便说道：

> 宗教系统和政府模式面对的问题是，如何让享有同等自由的人们——即政治权利平等，并因此拥有财产权的人们——对因应用正义法则而必然产生的不平等分配感到满意。[51]

斯宾塞的系统恰好可以解决这个问题。

保守主义和斯宾塞的哲学十分契合。选择学说和有关自由放任的生物学辩护，也就是斯宾塞在正式的社会学著作和一系列短篇文章中所鼓吹的，恰好可以满足被选择者对科学依据的需求。斯宾塞对个人商业行为的绝对自由的辩护，是对一种宪法精神更广义的哲学表述，这种精神反对在没有正当法律程序的情况下干涉人身自由和财产权的行为。斯宾塞在宇宙论框架下提出的哲学，正好符合美国最高法院对宪法第十四条修正案的解释所依托的政治哲学，而这种政治哲学参与逆转了政府改革的浪潮。斯宾塞哲学和最高法院对正当程序的解释的契合度，让霍姆斯大法官（他本人其实是敬仰斯宾塞的）都出来解释说，"第十四条修正案并非斯宾塞《社会静力学》的应用"。[52]

斯宾塞社会观念的传播者同样是保守主义者。尤曼斯曾经从他的科学宣传事业中抽身，抨击1872年支持八小时工作制的罢工。他用典型的斯宾塞式口吻呼吁，劳工必须"接受文明的精神，它是和平、建设性的，它受理性控制，并且在缓慢地改良和进步。以在短时间内产生显著改良效果为目标的强制性暴力手段必然以幻灭为结局"。他暗示道，如果在教育中授以人们政治经济学和社会科学知识，或许便可以避免这类错误。[53]尤曼斯抨击了当时刚刚成立的美国社会科学协会，认为它投身于不科学的改革措施，而没有"从科学的角度对社会进行严谨客观的研究"。他宣称，除非我们了解了社会行为的法则，否则改革便是盲目的。他提议，美国社会科学协会最好认识到，有必要让社会维持一个自然的、自我调节的活动范围，而政府对其进行的干预通常会产生恶果。[54] 对于和尤曼斯一样相信科学证实了"我们天生幸运，或天生不幸，任何出生在底层的人都永远不可能爬升到顶部，因为宇宙的重量压在其身上"的人来说，改良的空间基本是不存在的。[55]

在大众接受斯宾塞哲学的同时，改革的意愿瘫痪了。在《进步与贫困》发表几年后的一天，尤曼斯在亨利·乔治（Henry George）面前饱含愤懑地抨击了纽约的政治腐败，以及富人因为有利可图而选择无视甚至促进腐败的自私行为。"对此您建议采取什么举措？"乔治问道，尤曼斯回答说："什么都不做！我们两个什么都做不了。这完全是进化的问题，我们只能等待进化发生。也许在四五千年后，进化将带领人类超越这种状况。"[56]

斯宾塞在美国的热度，大概在 1882 年秋天他到访美国时达到了顶峰。尽管他厌恶记者，但是斯宾塞仍然受到了媒体的广泛关注，宾馆经理和铁路代理商们竞相服务他。[57] 最终，斯宾塞不情愿地给了多家媒体一个综合"采访"的机会，他（用有些刺耳的腔调）表达了他的恐惧，即美国的品性还没有发展到能够最好地利用其共和体制的地步。[58] 但他也告诉记者，未来是可期的，他从"生物学真理"推断出，雅利安种族的各个亚种终将统一，这个人种将成为"一种比曾经存在过的人更美好的人类"。无论美国人将来需要克服什么困难，他们都可以"合理地期待，有一天他们将创造出比世界上曾经存在过的所有文明都要伟大的文明"。[59]

来访的高潮发生在德尔莫尼科餐厅匆匆安排的一场晚宴上，它给了美国名流望族亲自向斯宾塞致敬的机会，参与者包括美国人文、科学、政治、神学和商业领域的领军人物。斯宾塞向他尊贵的观众传递的信息却多少有些让人失望。他说，在美国的生活节奏中，他观察到了过度奔波、艰苦劳动、工作至上；过分的劳作将会压垮他的美国友人。针对斯宾塞对艰苦努力的批判，在场来宾的回应是一连串过分的谄媚和奉承，就连虚荣的斯宾塞听到后都倍感尴尬。[60]萨姆纳指出，社会学方法的基础正出自他们的显贵宾客。卡尔·舒茨（Carl Schurz）暗示，假如美国的南方人了解《社会静力学》，或许内战就不会发生。费斯克断言，斯宾塞对宗教的贡献与其对科学的贡献相当。比彻则发表了一番热情的褒奖，在末尾却突兀地承诺，要在入土安息之后的世界中与斯宾塞再次相见。

无论宾客对斯宾塞思想的溢美之词是多么不完美，这次晚宴都完美体现了这名贵客在美国的热度。当斯宾塞在码头等待返回英国的船时，他握住了卡耐基和尤曼斯的手，向在场记者喊道："这二位是我最好的美国朋友。"[61]对于斯宾塞来说，这是一个少见的充斥着个人热情的行为，但正因为如此，它更加象征着新科学与商业文明的契合。[62]

新思潮的兴起削弱了斯宾塞风潮，例如经济学和社会学中的批判改革主义和哲学中的实用主义——这将留在他处探讨。值得一提的是，斯宾塞一直活到了1903年，此时他的作品早已丧失了热度。在斯宾塞的晚年，他意识到了当时的风潮正在逆着他的教导吹来。一名在这段时期访问过他的人写道，斯宾塞对自己政治学说受到的忽视、对个人主义的衰落以及对社会主义理想的兴起感到"沉痛的失望"。[63]"斯宾塞这个名字是25年前的事了，"一名宗教人士在1917年讽刺道，"像赫伯特·斯宾塞般的强者，如今受到此般冷落，实在让人感慨！"[64]

虽然对于年轻人来说，斯宾塞的名字确实失去了它曾有的权威，上面这位作者却忘记了，在他写出这句话时正处壮年的人——那些成熟老到的公关人士、实业家、教师和作家——是在斯宾塞的影响下度过年轻岁月的。无论"综合哲学体系"后来遇到了什么样的对待，斯宾塞的进化个人主义已经留下了无法抹去的烙印。迟至1915年，《纽约论坛报》决定重新刊登一系列斯宾塞的个人主义文章，包括《个体与国家》《新托利主义》《奴役迫近》《过度立法》《立法者之罪》等，还请来了一大批共和党名流撰写评述，这些人的威望足以见证斯宾塞对于国家领袖的影响[65]：编辑向"了解斯宾塞的作品在我们的社会系统中的巨大价值的美国思想领袖"约稿，接受约稿的人包括尼古拉斯·默里·巴特勒（Nicholas Murray Butler）、哈佛前校长艾略特、众议员奥古斯都·加德纳（Augustus P. Gardner）、法官和钢铁实业家埃尔伯特·亨利·加里（Elbert Henry Gary）、外交官戴维·杰恩·希尔（David Jayne Hill）、和罗斯福交情深厚的亨利·卡伯特·洛奇（Henry Cabot Lodge）、前国务卿伊莱休·鲁特（Elihu Root）、最高法院助理法官哈伦·菲斯克·斯通（Harlan Fiske Stone）等。其中，希尔评论道，他在美国观察到了不合逻辑的致命趋势，它正是斯宾塞在英国反对的，"也就是以自由为名而逐渐施加的新枷锁……官僚主义的桎梏越来越紧，民众渐渐为其所奴役"。这番话表明，重新刊登这一系列文章的目的，显然是为了反对伍德罗·威尔逊总统的"新自由政策"。①[66]

斯宾塞的思想传入美国时，自由主义早已成为美国的国家传统。但是，在美国工业文化扩张的年代，斯宾塞成为这个传统的发言人。如果说他的思想没有改变个人主义的发展走向，那么它至少大幅扩充了个人主义的内涵。如果说后世似乎难以感受到斯宾塞对美国思想的恒久影响，那是因为它已经被彻底消化吸收。[67]他的措辞已经成为个人主义的俗语。"你不可能让世界变得如你所愿，也不可能让它温柔待人，"一名米德尔顿商人说道，"最强、最优秀的人会存活下来——毕竟，这就是自然的法则——曾经一直如此，将来也永远如此。"[68]

---

① 伍德罗·威尔逊于 1913 年至 1921 年任美国总统，推行一系列改革政策，来推倒"特权的三重墙"——关税、银行和托拉斯，意在用联邦政策保障普通人的权益。威尔逊为民主党成员，上面列举的人多为共和党成员。

Social Darwinism
in
American Thought

第三章

威廉·萨姆纳：社会达尔文主义者

Passage 3

　　必须明白，选择只有两种：要么是自由、不平等、最适者生存，要么是不自由、平等、不适者生存。前者将带着社会向前走，奖励所有最好的成员；后者将领着社会倒退，奖励所有最差的成员。

——威廉·萨姆纳

1

　　耶鲁大学的威廉·萨姆纳是美国最活跃、最有影响力的社会达尔文主义者。萨姆纳对进化论进行了惊人的改造，让它更符合保守主义思想，他的书和文章也被广泛阅读，这让他的哲学得到了有效传播。此外，他还把自己在耶鲁大学的讲台变成了社会达尔文主义的讲坛。萨姆纳为他所在的时代提供了一种综合理论，它虽然没有斯宾塞的系统那么宏大，但是悲观主义色彩更加浓厚、更加坦率，因此也更加大胆。萨姆纳的综合理论，结合了西方资本主义的三大文化传统：新教伦理观、古典经济学和达尔文的自然选择理论。相应地，萨姆纳便在美国思想史的发展中扮演了三重角色：清教的有力传教者、李嘉图和马尔萨斯的古典悲观主义的拥护者，以及进化论的传播者。[1]他的社会学填补了宗教改革①后出现的经济伦理观和19世纪思想之间的鸿沟。

---

① 16世纪，统治西欧的天主教会腐败糜烂，宗教改革应运而生，产生了新教教派，领军人物包括马丁·路德和加尔文。

一方面，它认为新教眼中勤劳、节制、节俭的理想之人是在生存斗争中的"强者"或"最适者"；另一方面，它带着一种同时符合加尔文主义和科学原理的决定论，支持李嘉图的不可避免学说和自由放任学说。

1840 年 10 月 30 日，萨姆纳在新泽西州的帕特森市出生。他的父亲托马斯·萨姆纳是一名自学成才、工作勤奋的英国工人，因为家庭产业受到工厂发展的威胁而奔赴美国。他教导孩子尊重传统的新教经济伦理观，他的节俭也对其子威廉产生了深刻的影响，让他后来将前往银行存款的人赞为"文明的英雄"。[2] 萨姆纳后来在写作中如此描绘其父亲：

> 他的生活原则和习惯都首屈一指。他知识渊博，判断力优异。他属于《米德尔马契》中迦勒·加斯（Caleb Garth）一类的人物。年轻时，在书和其他人的影响下，我接受了一些和他不一致的观点及意见。时至今日，在这些话题上，我和他站在一起，而不是和其他人。[3]

萨姆纳年轻时盛行的古典经济学的理论巩固了父亲对他的影响。在古典经济学的影响下，萨姆纳认为，财富成功是勤俭节约的必然结果，而他所处的生机勃勃的资本主义社会，则是自然仁慈的自由竞争秩序这个古典理想的实现。14 岁时，萨姆纳阅读了哈丽雅特·马蒂诺（Harriet Martineau）的《图解政治经济学》，这套热门的小册子旨在通过一系列寓言阐释李嘉图的经济学原理，向大众宣传自由放任的益处。通过该作品，萨姆纳了解到工资基金说及其推论："任何能对工资水平产生永久影响的东西，都必然影响人口与资本的比率"；"即使工人集结起来，反对资本家……也无法保证工资永久增长，除非是劳动力供小于求，但在这种情况下，往往也没有罢工的必要了。"在该书中，萨姆纳还找到了为上述断言编造的证据："商业交换系统具有内在的自我平衡能力，任何对于它不受阻碍运作的后果的忧虑都是荒谬的"，"让资本偏离其正常流向，用来在国内生产又贵又差的产品，而不是通过对它的利用，从国外购买物美价廉的同款产品，是一种犯罪。"马蒂诺还认为，无论是公共还是私人的慈善事业，都无法减少贫困人口，只能助长挥霍浪费，纵容"贪污、专横和欺诈"。[4] 萨姆纳后来说过，他关于资本、劳动、金钱和贸易的观念，都是"受我年少时读过的那些书影响而形成的"。[5] 当时政治经济学的标准教材出自弗朗西斯·韦兰德（Francis Wayland），萨姆纳在大学期间曾经背诵过其内容，但这对他似乎影响甚微，究其原因，或许是因为这本书只不过重复了受到广泛认可的观点。

1859 年，年轻的萨姆纳进入耶鲁大学，投身到神学的学习中。在萨姆纳攻读学士学位的几年间，耶鲁大学还是正统宗教的一大支柱，其校长先后是博学多才的西奥多·德怀特·吴尔玺（Theodore Dwight Woolsey）和神职教授诺亚·波特（Noah Porter）。当时吴尔玺刚刚从古典学研究转向《国际法研究导论》的写作，而他的继任者，道德哲学和形而上学教授波特，则会在未来与萨姆纳就新科学在教育中应有的地位展开交锋。萨姆纳年轻时多少有些孤僻（他认真地提出过"是否有必要阅读虚构作品"的问题），没少被同学排斥，但他少有的几个朋友对他却甚是慷慨。其中威廉·C. 惠特尼（William C. Whitney）说服了自己的哥哥亨利，为萨姆纳继续留学深造提供资助。萨姆纳在日内瓦、哥廷根和剑桥研习神学期间，惠特尼兄弟二人还找人替他在联合军中服役。[6] 1868 年，萨姆纳获得耶鲁大学的教职，开启了他的终身事业，其间为数不多的中断，是因为他在一家宗教报纸担任了编辑，然后在新泽西州莫里斯敦圣公会担任教区牧师，花费了几年时间。1872年，他被提拔为耶鲁大学的政治和社会科学教授。

虽然性格不近人情，而且课堂风格简约、枯燥、正经，但是萨姆纳的追随者却要比耶鲁大学有史以来任何教师都多。[7] 高年级学生在他的课中体会到了独特的乐趣，低年级学生则盼望着升入高年级，因为这样便有资格报名他的课了。威廉·里昂·菲尔普斯（William Lyon

Phelps）上了萨姆纳的每一门课，他简直将此作为一项原则来遵循，也不管自己对课程主题是否有兴趣。[8]在菲尔普斯笔下，萨姆纳对待持不同意见的学生的方式被描绘得活灵活现：

> "教授，您不相信政府应该对工业提供任何帮助吗？"
>
> "我不相信！要么自食其力，要么自食其果、自取灭亡。"
>
> "好吧，可是无法自食其力的人，他们就没有生存的权利了吗？"
>
> "不存在所谓的权利。世界不欠任何人任何东西。"
>
> "那么，教授，您只相信一种体制，也就是契约－竞争体制吗？"
>
> "这是唯一合理的体制。所有其他的都是谬论。"
>
> "那么，假如来了一名政治经济学教授，抢走了您的工作，难道您不会觉得恼火吗？"
>
> "我欢迎任何教授前来一试。如果他能抢走我的工作，那是我的问题。我的工作是把课教好，保证没有任何人能把我的工作抢走。"[9]

成长时受到的宗教熏陶，和他早年对宗教的兴趣，在萨姆纳的写作中清晰易见。虽然宗教式的遣词造句很早就从他的写作风格中消失了，但是他一直保持着传教士和道德家般的性情。他是非分明，没有兴趣区分他的敌人到底是本性邪恶还是一时犯错。"他表现出的心灵，"萨姆纳的传记作者写道，"更像是希伯来式的，而不是希腊式的。他直觉出众，坚毅刚强，对伦理学有着持久的狂热。他鞭挞丑恶，就像先知一样。"[10]虽然萨姆纳坚持认为，政治经济学是独立于伦理学的描述性科学，[11]但是他对保护主义者和社会主义者的批评，听上去却带着道德批判的意味。他的热门文章读起来也像是宗教布道辞。

讨伐的激情只是萨姆纳生命的一部分。他的思想生涯可以分为相互重叠的两个阶段，这两个阶段的区别，更多在于作品的侧重点，而不是思想的转变。从19世纪70年代到90年代初，萨姆纳在热门杂志和他的讲台上发起了一场圣战，其敌人包括改良主义、贸易保护主义、社会主义和政府干预。在此期间，他发表了《论社会阶级间彼此的义务》（1883）、《被遗忘的人》（1883）和《推翻世界重建的荒谬努力》（1894）。到了19世纪90年代初，萨姆纳越来越关注社会学，他撰写了《世界饥饿》的手稿，而他的巨著《社会的科学》的写作计划，也是在这段时间内形成的。当一向多产的萨姆纳发现，有关习俗的章节已经洋洋洒洒地写了20万字时，他决定将它作为独立作品发表。于是，没有事先计划的《民俗论》便在1906年出版了。[12] 尽管萨姆纳年轻时对伦理学的深厚情感已经淡去，让位于他在社会科学中关注的道德相对主义，但是他的底层哲学并没有发生改变。

2

萨姆纳的社会哲学的基本假设来自斯宾塞。在从牛津大学博士毕业后的几年间，他的脑子里漂浮过模模糊糊的想法，涉及建立一门系统研究社会的科学的可能性。1872年，斯宾塞的《社会学研究》正在《当代评论》（*Contemporary Review*）上连载时，萨姆纳接受了斯宾塞的想法并对其加以利用，社会科学领域的进化观也深深吸引了他。斯宾塞的提议似乎展现了他自己尚处萌芽阶段的想法的全部潜能。这名曾对《社会静力学》无动于衷的年轻人（他自己给出的原因是"我不相信自然权利，也不相信他的'根本法则'"），现在也拜倒在了《社会学研究》的石榴裙下。"它解决了社会科学和历史的关系这个历史悠久的难题，将社会科学从怪胎的统治中拯救了出来，开辟了明确而宏伟的工作领域。我们或许可以指望，从它出发，我们终于可以推导出社会问题的终极解药。"几年后，古生物学家马什关于马的进化的研究，让萨姆纳彻底接受了发展假说。他一头扎入达尔文、海克尔、赫胥黎和斯宾塞的世界，沉浸到了进化论中。[13]

和他之前的达尔文一样，萨姆纳系统的第一原理也来自马尔萨斯。

在很多方面，他的社会学只是重新描绘了从马尔萨斯到达尔文，再从斯宾塞到社会达尔文主义的演化历史。萨姆纳说，人类社会的基础，是人与土地的比例。土地是人类赖以生存的根本，一群人会过上什么样的生活，他们如何过上这样的生活，以及他们在这个过程中的相互关系，全都取决于人口与可用土地的比例。[14] 在人口少、土地充足的地方，生存斗争没有那么激烈，民主制更容易盛行。当人口对土地的供应构成压力时，土地饥荒出现，各个种族在地球表面流动起来，军国主义和帝国主义盛行，冲突爆发，贵族统治政府。

人类为了适应土地的供应状况而相互斗争，力求在征服自然的过程中夺得头筹。萨姆纳在许多热门文章中强调，生活中的苦难是人与自然斗争的产物，"我们不能因为自身的不幸而指责我们的同类。我们的邻居和我们自己都在努力摆脱这些不幸。如果我的邻居的努力比我更加成功，那么我不会因此心生怨恨"。[15] 他继续写道：

> 无疑，比起没有资本的人，拥有资本的人在生存竞争中具有显著优势……但这并不是说，前者的优势让它与后者对立，而是说，当二者为了从自然中获取生活资料，而互相成为对手时，有产者比无产者拥有不可估量的优势。否则，资本也不会形成。因为，获取资本需要自我牺牲，如果说资本无法带来高人一等的优势和优越，那么没有人会坚持去做获取资本所必须做的事情。[16]

因此，这个斗争更像是赛狗，一条狗去追逐金钱成功等机械诱饵，并不妨碍另一条狗去做同样的事。

萨姆纳希望通过减弱穷人对富人的怨恨，来减少人在生存斗争中的冲突，这招也算得上是有点聪明。不过，他并没有完全回避动物斗争和人类竞争之间的直接类比。[17] 对于 19 世纪 70 和 80 年代智识界的保守主义者来说，将竞争社会中的经济竞争视为动物世界中的斗争的反映，是一件再自然不过的事。使用相似的推理方法，也很容易从自然中生物的适者生存，推到社会中人的适者生存；从适应性更强的生物，推到经济美德更突出的人。现在，竞争制度有了宇宙理论的支撑。竞争是光荣的，生存是力量的结果，相似地，成功是对美德的嘉奖。萨姆纳无法容忍那些愿意向缺乏美德的人提供嘉奖的人。在 1879 年的一场讲座中，针对困难时期对经济思维的影响，他宣称，许多经济学家……

> 似乎惧怕这个现实：苦恼和苦难仍然存在于世界上，并且只要人性中的恶不消失，它们似乎也永远不会消失。其中，许多经济学家畏惧自由，尤其是以竞争的形式存在的自由，并把它们上升到顽疾的高度。他们觉得竞争对弱者太残忍。但他们不明白，"强"指的是勤奋节俭，"弱"指的是奢靡懒散，除此以外，"强"和"弱"的字眼没有任何意义。此外，他们也没有看到，如果我们不喜欢"适者生存"，剩下的选择只有一种，那便是"最不适者"生存。但是，前者是文明的法则，后者是反文明的法则。要么我们二选其一，要么我们像从前一样，在二者间循环往复，但第三种计划——社会主义理想，在喂养最不适者的同时实现文明进步，是行不通的。[18]

根据萨姆纳的说法，文明的进步建立在选择的过程上，选择又建立在无限制的竞争之上。竞争是自然的法则，"像万有引力一样无法摆脱"，[19] 人若是无视这个法则，只能自食苦果。

3

在动笔写作他的社会学著作之前很久，萨姆纳哲学的基本要义就已经发表在杂志文章中了。他断言，生命的第一真理，是生存斗争。这个斗争带来的最大进步，便是资本的产生，而资本可以增加劳动的成果，提供文明进步所必要的资料。原始人很早以前就退出了竞争和斗争，停止了资本的积累，他们为此不得不付出的代价，便是陷入愚昧落后的生活方式。[20] 社会进步主要依靠对财富的继承，因为财产是努力的嘉奖，而财富的继承则能够保证，勤劳进取的商人能让他们的后代也保留他们的美德。正是在这些美德的帮助下，他们为社群创造了财富。任何对继承财富的攻击，首先都是对家庭的攻击，最终则会让人沦为"猪"。[21] 社会选择机制若要正常运转，就必须保证家庭是完好的。生理的继承（physical inheritance）是达尔文学说的关键部分，它在社会层面上对应的，便是对儿童经济美德的培养。[22]

萨姆纳认为，若要让最适者生存下来，让社会享受有效管理的神益，那么行业巨头必须因为他们独特的组织天赋而得到报酬。他们巨额的财富，是统筹管理的应得酬劳。[23] 在生存斗争中，金钱是成功的标志。它可以衡量被付诸实践且行之有效的管理和被避免的资本浪费。[24] 百万富翁是竞争文明绽开的花朵：

> 百万富翁是自然选择的产物。自然选择作用于所有人，并从中选择出能满足某种工作需求的人。因为百万富翁是如此选拔出来的，财富——包括他们自己的财富和托付给他们的财富——便聚集在他们手中……他们可以被公允地视为自然选择出来的、在社会中承担某种职责的代理人。虽然他们享受了高工资和奢侈的生活，但是这种交易对社会是有益的。争抢他们的位置和职业的竞争是最激烈的。这保证了所有有能力担任这类职位的人都可以获得这类职位，因此这么做的成本也会降到最低。[25]

在达尔文的进化图景中，动物与动物是不平等的。这让更适应环境的性状有了出现的可能。然后高级性状再被遗传给后代，进步便由此发生。如果没有不平等，适者生存的法则便毫无意义。相应地，在萨姆纳的进化社会学中，能力不均等是一种优势。[26] 竞争的过程"让所有存在的力量根据自身的潜力发展"。如果环境是自由的，并且让所有人都可以在竞争中自由地实现自我，其导致的结果必然不是处处均等的，那些勇敢、进取、训练有素、有智慧和毅力的人会脱颖而出。[27]

萨姆纳指出，这些社会进化法则否定了美国的传统平等观和自然权利观。从进化的角度看，平等是荒谬的。对此体会最深的便是接受过大自然这所学校教育的人，他们知道丛林里是没有所谓的自然权利的。"除了尽可能拿你所能拿的，在大自然面前不存在任何权利，而这不过是对生存斗争的事实的复述。"[28] 在进化现实主义的冰冷视角下，18 世纪自然状态下人人平等的观点成了真理的对立面；曾经生而平等的人群，现在变成了没有希望的野蛮之徒。[29] 对于萨姆纳来说，权利不过是民俗经过演化，固化成法规的结果。它们完全不是绝对的，也不是先于某个特定文化存在——这不过是哲学家、改革者、闹事者和无政府主义者的幻觉。它们应该被正确理解为"此时此刻正在发生的社会竞争的游戏规则"。[30] 在其他时间、其他地点，盛行的是其他风俗，而且在将来还会有新的风俗出现：

> 每个时期的风俗都打着一套观点的烙印。从 18 世纪的平等、自然权利、阶级等概念中，诞生了 19 世纪的国家和立法，它们在信念和性情上都有深深的人道主义印记。现在，18 世纪的概念正在消失，而 20 世纪的风俗，将不会像 19 世纪那样染着人道主义色彩。[31]

萨姆纳抵抗美国的传统口头禅，还体现在他对民主的怀疑上。民主的理想，作为伟大的希望、温暖的感觉、友善的幻象，活在从工会领袖尤金·德布斯（Eugene Debs）到卡耐基等各帮各派的人心中。可对萨姆纳来说，它不过是社会进化中的一个短暂阶段，是有利的人地比率和资产阶级政治所共同需要的产物。[32] "民主，这个时代最受宠幸的迷信，只不过是这个势不可当的运动的一个阶段。如果土地充裕，共用它的人又不多，那么所有人当然是平等的。"[33]

萨姆纳把民主制理解为按功施奖的原则，他称这种民主"在社会层面上是进步的、有益的"。[34] 但萨姆纳不认可的是把民主制理解为收获和享受上的平等，萨姆纳认为这种民主不仅在理论上解释不通，也完全不可能付诸实践。"工业可以是共和的，但只要人与人所具有的生产能力不等，工业美德不均等，工业就永远不可能是民主的。"[35]

在 J.艾伦·史密斯（J. Allen Smith）和查尔斯·A.比尔德（Charles A. Beard）的研究之前，[①]萨姆纳曾写过一篇一直没有发表的精彩文章中，萨姆纳揣测了美国开国元勋制定宪法的目的。萨姆纳指出，他们惧怕民主，于是试图在联邦结构上为它设立限制。但是，因为整个国家的精神一直都无可避免的是民主的，因为美国的历史信仰和它的环境，美国历史一直是人民的民主性情和它的宪法框架不断斗争的历史。[36]

4

社会决定论是萨姆纳进化哲学中的重要概念。它来自斯宾塞，被萨姆纳颇有成效地用了在他与改革者的斗争中。萨姆纳认为，社会是多个世纪逐渐进化的结果，不可能通过立法迅速改变：

> 时间和世间万物的大潮不会顾及我们，只会自顾自地滚滚向前……每个人都是时代的产物，不可能摆脱他的时代。他在时间之潮中，被它卷着一起向前。他的一切科学和哲学也只能从潮水中汲取。因此，潮水不会被我们改变，它会吞噬我们和我们的实验。这也是为什么，如果一个人想用铅笔在石板上计划出一个新

---

① 二者认为美国 1787 年的制宪会议具有精英主义倾向，开国元勋出于私利，设计了复杂的代议制来抗衡多数原则，违背了美国革命的民主精神。

的社会语境，他只会被认为是最疯狂的蠢人。[37]

和斯宾塞一样，萨姆纳也认为社会是一种超有机体，以和地质变化一样的速率缓慢变化着。萨姆纳欣然接受了斯宾塞的《社会学研究》，因为它也强调缓慢的变化。在萨姆纳看来，试图干预社会进程的人是受了妄想症的支配，这些人觉得社会中不存在天然的法则，所以妄想通过人工的法则重新创造世界；[38]但萨姆纳相信，斯宾塞的新科学可以消除这些幻想。

带着进化主义者对于一切改良主义和唯意志主义的标志性鄙夷，萨姆纳将厄普顿·辛克莱（Upton Sinclair）等社会主义者戏谑为无关紧要的捣乱者、社会的庸医，称他们试图从任意一点唐突地闯入社会进步的长久进程，依照他们那点狭隘的欲望重塑社会。他们从"应该人人快乐"的前提出发，得出了"让人人都快乐是可能的"的结论。他们从未问过"社会是朝什么方向发展的"，也没有问过"什么机制可以刺激社会发展"。进化论将告诉他们，不可能一夜之间推翻一个深深扎根在几个世纪的历史土壤中的社会系统。历史将告诉他们，革命从来不可能成功，法国的例子就是佐证：拿破仑的时代和1789年之前的时代一样背离公众利益。[39]

任何系统都有不可避免的恶。"贫困是生存斗争的一部分，而我们全都一出生便卷入了这场斗争中。"[40]如果有一天贫困会被消除，那也是通过某种更有活力的斗争，而不是通过社会动乱或纸上谈兵式的社会改造计划。人类进步的基础，是道德的进步，而道德进步在很大的程度上都源于经济美德的积累。"让人人远离酒精，变得勤劳、谨慎、明智，让他们教育下一代也实现这些美德，那么只要几代人的时间，贫困就可以消除。"[41]

于是，进化哲学提供了一个强有力的论据，来反对旨在干预自然事件的立法。萨姆纳为政府行为的范围设立了界限，虽然这些界限没有斯宾塞的那么极端，但是也十分严格。"归根结底，政府需要关心的，主要是两件事情，那便是男人的财产和女人的名誉。国家应该防止它们受罪犯侵犯。"[42] 除了教育——萨姆纳在教育领域内的影响一向是进步主义的——在他活跃的年岁里，没有什么在美国提出的改革举措能逃过他的抨击。在 1887 年为《独立报》撰写的系列文章中，萨姆纳痛斥了多个当时的改革项目，称它们是到处泛滥的利益群体的臆想。他认为《布兰德银法案》（*Bland Silver Bill*）是由几个公共人士提出的不合理的折中案，对债权人、银矿开采者乃至所有人都没有提供任何实际的帮助。限制罪犯劳动的国家法律，被他批判为草率、毫无意义，只是对某些党派的叫嚣的回应。《州际贸易法》[①] 缺乏哲学和设计。铁路的问题"远远超出了立法涉及的所有领域"；铁路牵扯了太多复杂的利益，立法者若是插手，则不可能不给所有相关方造成伤害。[43] 萨姆纳还使用正统经济学的论据，批评了自由铸银运动。[44] 他批评道，"所有济贫法，所有慈善机构和开支"，都是牺牲资本、保护个人的工具，它们会让穷人的生活更容易，于是增加资本的消费者，却减少生产资本的动力，最终降低整体生活水平。[45] 他对工会相对要更包容一些，认为罢工如果是非暴力的，或许能够作为检验劳动市场环境的手段。只有成功能合法化罢工，凡是失败的罢工都必须谴责。工会或许在维持工人阶级的士气和向他们传递消息这两点上是有用的。劳动条件——卫生、通风、女性和儿童的工作时长等——最好是受有组织的劳动力的自发活动管控，而不是国家强制管控。[46]

　　除了反帝国主义，萨姆纳也深受他的年代中另一个不和谐的声音——自由贸易吸引。但是，在萨姆纳看来，自由贸易不是一场改革运动，而是一条知识公理。虽然他在 1885 年写了一本简短的作品《保护主义：教人浪费可以创造财富的主义》，列举了反对贸易保护主义的经典论据，但是他认为，对于有识之士来说，保护主义的问题毫无争议，无须著述，"应该像对待任何无稽之谈一样对待它"。[47] 萨姆纳相信，

---

① 旨在规范铁路行业的美国联邦法律，开创了美国联邦政府干预经济的先例。

关税以及政府对经济的任何干预行为，都可能以社会主义告终，因此，他将保护主义在原则上等同于社会主义，并将社会主义定义为"任何试图通过'国家'的干预，将个人从生存斗争和生活中竞争的艰难困苦中拯救出来的手段"。[48] 他还指出，关税永远会激发他最激烈的道德愤慨。因为女性为了每天 50 美分的报酬在血汗工厂缝纫束腰，却还要为她们用的纺线交关税，他曾经在报纸上发表过多篇激愤的抗议。[49]

5

萨姆纳对他眼中左右两派的虐行都态度强硬，因此也成了左右两派的靶子。他去世很多年后，厄普顿·辛克莱在《正步走》中称他为"财阀帝国中的首相"[50]，而另一名社会主义者则给他安上了"知识卖淫"的罪名。[51] 可以看到，这些批评者既不了解萨姆纳的性情，也不理解支配他思维的动机。他是一名教条主义者，这是因为扎根在他骨子里的思想。他不是听钱使唤的人，也不愿意为财阀辩护，而自认为是中产阶级的代言者。他抨击经济民主，但对他所理解的财阀阶级也毫无好感，认为是他们导致了政治腐败和鼓吹保护主义的游说。[52] 尤其值得一提的是，他对杰斐逊式的民主有一定的好感，因为它提倡放弃国家权力和政府去中心化。[53] 萨姆纳所有热门文章的主角，让人难忘的"被遗忘的人"，正是典型的中产阶级公民，他像萨姆纳的父亲一样，安分地忙碌于生计，养活他和他的家庭，不向国家索取。[54] 让萨姆纳最为担忧的，是赋税给这些人带来的沉重负担，这也部分解释了他对国家干预的反对。[55] 但是，当他还在用马蒂诺和李嘉图的理论武器支持中产阶级的事业时，中产阶级却选择了支持改革，这只能算是萨姆纳的不幸。

在萨姆纳背离传统真理的罕见时刻，无论面临多大压力，他都坚持自己的立场。就把《社会学研究》作为教科书使用这件事，他和校长波特发生了尽人皆知的争吵，有可能会危及他的教职，但他自己已完全做好辞职的准备。因为在关税上一向直言不讳的态度，萨姆纳也一直饱受媒体批评，但他从未动摇。《纽约论坛报》曾经在一篇批评他的保护主义的文章中，把他形容成"廉价的奸诈之徒"。[56] 共和派媒体和耶鲁大学的共和党校友时不时极力主张解雇他，当他公开表达了他对美西战争的反对后，解雇的呼声甚至成为主流，[57] 即便耶鲁大学的一名老派捐赠者将其捐赠金额增加了一倍，并表示是萨姆纳在耶鲁大学的存在让他相信，"当文明遭到无知、无赖、煽风点火的人、杠精、叛逆者、内战时同情南方的北方人、巴特勒派（Butlers）①、罢工者、保护主义者和其他形形色色的狂徒威胁时，对于保护财产的持有和使用，对于文明的延续，耶鲁大学仍然是一个安全的好地方"。[58] 由于萨姆纳的独立立场，很大一部分富裕阶级和正统人士对他也一直充满猜忌。

　　萨姆纳现在的名望主要来自他的《民俗论》，也有一部分来自他的历史作品。相比之下，他的多篇关于社会达尔文主义的文章已经不再知名。[59] 思想界的自然选择没有对他的作品手下留情。让《民俗论》收获最多敬重的思想，并未和他的其他思想相调和。《民俗论》最大的贡献，是将民俗视为"自然力量"的产物，视为进化式生长的产物，而不是人的计划或人的智慧的造物。[60] 批评者常常指出，萨姆纳否定道德直觉，坚持道德的历史和制度基础，但他同时也反对社会主义者和保护主义者，这似乎自相矛盾。[61] 一名完全自洽的进化论者，假如像《民俗论》中所阐释的那样，用无关道德的、严格的经验主义视角看待社会变革，应该不会像萨姆纳那样，为自由放任主义的衰败倍感忧虑，而会用温和顺从的态度，把这种衰败作为风俗发展中的新趋势来接受。但是，在自由放任和财产权的问题上，萨姆纳立场强硬，毫不妥协。《保护主义：教人浪费可以创造财富的主义》中毫无顺从的痕迹，《推翻世界重建的荒谬努力》中也没有温和的语句。神学出身的萨

---

① 指尼古拉斯·默里·巴特勒的追随者。——编者注

姆纳一直沉浸在他的新英格兰扬基文化①中，完全自洽带来的相对主义或许让他难以接受。只有托尔斯坦·凡勃伦（Thorstein Veblen）那种水土不服的移民，才会带着文化人类学家高人一等的眼光看待美国社会。对于萨姆纳来说，瓦旺伽人的婚姻习俗和迪雅克人的财产关系等民俗与他自己所在的文化中的制度，一直分属于两个不同的话语世界。

作为现状的捍卫者，萨姆纳在美国历史上起到了实际的作用。自法国大革命以降，启蒙的信条便一直是美国国家信仰的传统要素。美国的社会思想一直是乐观、民主、人道主义的，它坚信这个国家有着特殊的使命。即便是改革者，也是依据天赋人权的自然权利思想发起改革。萨姆纳起到的作用，便是率先用批判的眼光审视了这些固化的意识形态，他的工具是19世纪早期李嘉图和马尔萨斯的悲观主义，现在还加上了声望巨大的达尔文主义。他给自己设立的任务，是用19世纪的科学打击18世纪的哲学空想。他希望让同代人看到，他们的乐观无视了社会斗争的现实，是缺乏实质的叛逆之举，他们的"自然权利"在自然中无迹可寻，他们的人道主义、民主和平等不是永恒真理，而是社会进化中的阶段性的风俗。在一个充斥着仓促变革的年代，他试图说服人们，认为凭意愿就可以计划未来、改变命运的这种信心是毫无根据的——无论在历史、生物学还是任何经验事实中都不存在。他们最好的选择，是臣服于自然的力量。仿佛是加尔文的某种转世，他宣讲着预先注定的社会秩序，宣布通过适者生存的机制，在经济上选择出来的人会获得拯救。

---

① 扬基最初指在美国新英格兰地区定居的殖民者。美国内战期间，其含义扩展为对北方各州士兵的称呼。——编者注

Social Darwinism
in
American Thought

第四章

莱斯特·沃德：批判者

Passage 4

果真将如此吗？——人类最终将统治全世界，除了他自己。

——莱斯特·沃德

1

现代社会学的创始人，孔德和斯宾塞，都受同样的激情驱使：探寻宇宙的秩序，梳理宇宙的脉络。二人的社会学体系都基于同样的一元论假设：宇宙的法则也适用于人类社会。二人作品最令人赞叹的特征之一，是在一个连续的等级架构中，对所有自然界中和社会科学中的对象进行排列，从天文学到社会学无所不包，并且从蓬勃发展的物理学和生物学中，寻找社会学的启迪。在这种一元论精神下，孔德将社会学称为"社会的物理学"，并且在达尔文之前很久就谈到"将社会学建立在整个生物学之上的明显必要"。[1] 在同样的假设下，白芝浩给一篇具有划时代意义的文章起名为《物理与政治》；斯宾塞提出了社会有机体的类比，还在他的社会学理论中填满形而上学的分化、整合、平衡化等抽象概念。斯宾塞甚至还从万有引力定律中推出了一个有趣的社会原理："城市之间的吸引力与质量成正比，与距离成反比。"[2]

沃德和这种一元论之间有一种特殊的矛盾关系。和许多在19世纪60年代初成熟起来的年轻人一样，沃德受到的教育中包含许多来自斯宾塞的内容，他自己也欣赏斯宾塞的宇宙进化理论。对他来说，一元论似乎是公理一般的存在。他在《动态社会学》中表示，自己希望

"宇宙科学，或者说真正的宇宙论，将帮助当今发展参差不齐的科学向前迈出一大步"。[3] 在职业生涯快要结束时，他写道，"我对一切的思考，都是自然而然地将它们放在和宇宙的关系中考虑的"。对于自己的《纯粹社会学》，他也曾经宣称，"它不仅是社会学，它是宇宙论"。[4] 沃德的方法完美体现了一元论，受到了《动态社会学》的读者欣赏，即使他们要翻阅完 200 多页对物理、化学、天文学、生物学和胚胎学的探讨，才能抵达关于社会学数据资料的专门章节。

虽然沃德在形式上接受了斯宾塞的方法，但是他构建的社会系统是从完全不同的实用主义视角出发的，所以在结构和实际内容上都和斯宾塞的截然不同。沃德的社会学在本质上就是二元论的。一种清晰可见的区分贯穿了他所有的写作：一方面是物质或动物的进化，另一方面是人类的进化，前者没有目的，而后者可以在有目的的行动的作用下发生实质性的改变。如此一来，沃德便把斯宾塞的系统一分为二，让社会原则脱离了简单直接的生物学类比。在沃德手中，社会学成为一门特别的学科，探讨一种特殊层面的新型组织。沃德不但是首位既反对社会达尔文主义的一元假设，又反对自然法则式的自由放任的个人主义的思想家，他也是这些思想家中最无可匹敌的。他的批评在后来给美国社会学家造成了无与伦比的影响。他在自己的领域起到的作用，就像是工具主义者在哲学中起到的作用：提出适合改革的积极社会理论，以便取代旧的被动决定论。

和许多美国改革家一样，沃德来自边陲，[5] 他于 1841 年出生在伊利诺伊州的乔利埃特市。他的父亲是一名流动技工，母亲是一名牧师的女儿。虽然沃德是在穷困中成长起来的，但是他利用自己在磨坊、工厂和农场工作的闲暇时间，学习生物学、生理学、法语、德语和拉丁语，并最终成了一名中学教师。之后，他在内战中服了两年兵役，还在昌塞洛斯维尔战役中身负重伤。服役结束后，沃德在 1865 年加入了政府部门，成了一名财政部职员。26 岁时，他进入夜间大学，在 5 年的时间内拿到了人文、法律和医学学位。沃德在很大程度上是自学成才的，为了受教育，他没少付出努力，他对待教育也一向十分严肃。或许是因为卑微的出身带来的敏感，他养成了用拉丁语和古希腊语单词拼凑晦涩术语的爱好，他的社会学中充斥着"协同增效"（synergy）、"社会有丝分裂"（social karyokinesis）、"生育生成"（tocogenesis）、"人类目的论"（anthropoteleology）、"集体导进"（collective telesis）之类的生造词，他称男人的性选择为"阳克雷西斯"（andreclexis），称爱情为"阴菲克雷西斯"（ampheclexis）。他还为自己在布朗大学的一门课程取了"纵览天下知识"的"谦逊"名称。

在政府工作的最初几年，沃德参与编辑了名为《偶像破坏者》的杂志，并撰写了其中的大部分内容。该杂志是 18 世纪 70 年代在美国发酵的怀疑论倾向中的一点泡沫，充斥着职业打假人稚嫩的辩论。《偶像破坏者》让我们看到，沃德很早就表现出了对新思潮的完全赞同。后来，沃德继续从事科学研究，最终成为一名享有盛名的植物学家和古生物学家，并在 1883 年被任命为美国地质调查局的首席古生物学家。同年，具有划时代意义的《动态社会学》面世了。这是他出版的第一本书，在出版前耕耘了 14 年之久。接下来，他陆续发表了更多作品——《文明的心理因素》（1893）、《社会学概述》（1898）、《纯粹社会学》（1903）和《应用社会学》（1906），不断重申和扩充他的主要思想。最终沃德收到了布朗大学的橄榄枝，获得了社会学教授的职位。

沃德的《动态社会学》发表时，社会学还处于发展的初期阶段。虽然一些大学已经开始教授一些主题和社会有一些模糊关系的课程，其中一部分用斯宾塞的作品当教科书，但是萨姆纳大概是唯一用"社会学"称呼一门大学课程的教师。[6]教学材料则来自"历史哲学"和"文明史"。虽然社会学急需系统性专著，但是接受一个不知名的政府公务员的大胆理论创新，似乎还为时尚早，尤其是他还挑战了当时占主导地位的斯宾塞学说。让沃德失望的是，他的作品一开始几乎完全被忽视了，之后才非常缓慢地积累了一些关注。据阿尔比恩·斯莫尔（Albion Small）所述，沃德的作品发表 5 年后，在一向紧跟潮流的约翰·霍普金斯大学的教员中，只有理查德·伊利（Richard Ely）一个人知道它的存在。1893 年，沃德告诉伊利，他的书只卖出去不到 500 册。[7] 但到了 1897 年，阿普尔顿出版社推出了该作品的第二版，在 20 世纪到来之前，沃德已经被广泛认可为社会学领域的一流人物。在美国社会科学先驱中，深受沃德影响的至少还有两位——斯莫尔和爱德华·罗斯（Edward Ross）。1906 年，沃德被选为美国社会学协会的第一任会长。但是，虽然沃德逐渐得到了社会学家的敬仰，且斯莫尔认为他节省了数年浪费在"错误的进化主义"的贫瘠土壤上的徒劳工作，但沃德在公众间的名誉，一直不能和萨姆纳以及与他地位等同的学术人士比肩。[8]

沃德的集体主义来得太早，早了将近 20 年，所以未能找到为他倾心的观众。沃德倡导的计划社会，比《州际贸易法》和《谢尔曼法》①这类原始又迟疑的中央管控措施，还要早上 10 年。他的怀疑论也削弱了他的影响力：基督教中的改革派无法接受他的自然主义倾向，要不然，他们或许还能被他的社会理论吸引。还有一部分支持者强烈建议他采取更折中的语调。[9] 直到他的职业生涯接近尾声时，他才得到知名大学的教席，他也一直未能得到一流职位所享有的公众及职业声望。他的著作，尤其是长达 1400 多页又难懂的《动态社会学》中所用的佶屈聱牙的行文和用语，也是阻碍他获得广泛公众声誉的绊脚石。不过，沃德确实也在热门杂志中发表了易读的文章，其中最值得一提的便是发表在《纽约论坛报》上，并且受到了广泛好评的系列文章。[10] 在他生命的尾声，随着改革的声音逆着主流不断增长，他的思想终于潜入了能够接触到大众读者的战略要地，也对心怀改革观念的群体施加了一些影响。但是，因为他的"全民政治"一直没有找到有组织的信徒，在他 1913 年去世后，他的名声也很快黯淡了下来。在美国思想史中，在国际社会学史中，沃德都是最有才华和先见之明的思想家之一，无

---

① 美国的第一部反垄断法案，于 1890 年出台。

奈造化弄人，他未能作为伟大思想家留名青史。沃德最卓越的成就，在于他对当时主流思想体系的批评。这些体系的影响一度强大到无所不在，但如今早已坍塌瓦解，被世人遗忘。他对这些系统的犀利批评，对解放美国思想起了独特的重要作用，但如今时过境迁，这些批评也已经一并在历史中淡去。

2

沃德对出身下层的痛痒有着切身的感受。19世纪70和80年代流行的社会达尔文主义隐含的贵族腔调，冒犯了沃德的民主心灵。在生命行将结束时，沃德回忆起，当自己还是在公立学校上学的孩子时，每当看到和自己属于同一个阶级、衣着破烂的男孩痛揍富裕人家的孩子时，他都会感到深深的满足。[11] 如果说他的童年经历让他相信大众的潜在认知能力，那么他在政府部门长期工作的经历，或许是他反对斯宾塞式的对政府的不信任的原因。早在1877年，在美国统计局工作了几年后，沃德就在华盛顿的《国家联盟》（*National Union*）杂志上发表了两篇文章，探讨把政府统计数据作为立法依据的可能性，并论证道，如果能用统计数据表示社会事件的法则，那么它们就可以成为"科学立法"的数据基础。[12]

在接下来的几年，沃德对政治领域的兴趣变得越来越强烈。此时，他的《动态社会学》也进展顺利。在一篇于1881年向华盛顿人类学会宣读的论文中，他直言不讳地抨击了当时正流行的自由放任哲学的根本前提，并介绍了他自己的思想，未来，他将把后半生都奉献于此。沃德指出，政府干预社会事务是大势所趋，但现有社会理论和它水火不容，他带着惊人的先见之明预言道，一场社会舆论危机很快会到来。

科布登俱乐部等"自由贸易"协会到处分发自由主义的宣传册，企图力挽狂澜。维克多·博默特发出警告，奥古斯都·蒙格雷丁高声呐喊，赫伯特·斯宾塞慷慨陈词。可结果是什么呢？德国的回应是政府收购私有铁路。法国的回应是宣布建造 11000 英里①的公有铁路，并为法国的船主提供赏金。英国的回应是颁布义务教育法，国有化电报业，并且通过了收购电话业的司法判决。美国的回应是州际铁路法案、国家教育法案和支持保护国内制造商的全民公决。整个世界都受到了感染，各个国家纷纷采取积极立法措施。[13]

沃德继续说，立法干预势不可当，学者是时候停止谴责它，并投身于现实的认真研究了。在社会摆脱皇室和寡头统治的过程中，自然法则和自由放任的信条曾经是有用的思想工具。当政府被掌控在独裁者手中时，反对政府干预是再自然不过的。但在代议制的时代，公众意愿可以通过立法行为表达，此时再坚持反对政府干预就是一件疯狂的事。以前的假设已经过时。自然法则不一定与人的福祉一致。贸易法则导致财产分配十分不平等，而且其中的原因是偶然的出身和部分人低劣的道德，而不是优越的才智或过人的勤奋。

自然法则也不是防止垄断的屏障。根据古典经济理论，竞争可以降低价格，但也常常大大增加商铺的总量，让其远超必要的数量。每个商铺都必须通过交易赢利，但为了赢利，必须降低出售价格，使价格比本来需要的更低。在分销业中尤其如此。在其他产业中，竞争产生了巨大的企业组织，它们聚集了大到危险的权力。拆分这样的企业，却相当于破坏"自然法则的合法产物"或"社会进化整合的各种有机体"。唯一的建设性替代方案，便是政府以社会福祉为宗旨进行管控。[14]历史上政府管控或管理的尝试并没有产生个人主义者担忧的恶果：英国的电报业，德国和比利时的铁路系统，都是有力的佐证。在文明的历史上，社会管控的领域一直在逐渐扩大，但是

---

① 1 英里约为 1.609 千米。——编者注

一个多世纪以来，英国学派的消极经济学家忙碌于制约这种进步。自由放任打着科学的幌子，虽然正确指出社会现象和物理现象一样具有一致性，受法则控制，但是也错误地宣称，物理和社会现象都无法人为控制。然而事实是，科学的一切实际好处，都源自人对自然力量和自然现象的控制，如果没有人为干预，那么它们只能被白白浪费，或者成为人类进步的绊脚石。站在反方的积极经济学家只是要求得到一个机会，像利用物理力量一样利用社会力量，来为人类带来好处。科学得以为人类的需求服务，完全是通过人工控制自然现象做到的。如果社会法则和物理法则真的相似，那么社会法则没有任何理由不像物理科学一样被应用于实践。[15]

在一篇题为《实证政治经济学的科学基础》（1881）的文章中，沃德继续抨击了社会理论中的自然法则观。他断言，从人类的标准判断，自然是不经济的。自然过程是"所有能构想的过程中最不经济的"，但因为自然的工作范围格外广阔，所以它产生的结果也格外庞大，这个事实往往被掩盖。一些低等生物能产下多达 10 亿个卵，但只有一部分能发育成熟，剩下的则在这个庞大数量导致的生存斗争中败下阵来，自然对繁殖力的浪费可谓惊人。同样地，人类毫无章法的冲突，尤其是工业竞争，也十分浪费。在这点上，沃德区分了有目的的现象（即受人类意愿和目标支配的现象）和遗传现象（也就是盲目的自然力量的结果）。许多事实可以证明，有目的的结果远远优于遗传现象的结果，人工的远远优于自然的，在这样的证据面前，自由放任派理论家对自然法则的固执热情，简直就像是崇拜自然的卢梭式浪漫主义，甚至可以说和原始宗教相差无几。认为自然在本质上一定以某种方式是有益的，这种进化论观点是纯粹的蒙昧主义。[16]人类的任务不是模仿自然的法则，而是观察它们，利用它们，操纵它们。

有两种动态过程，也就有两种截然不同的经济——动物的生命经济和人类的心灵经济。动物经济的法则，即生存斗争中的适者生存，其原理是生物体繁衍的数量，超过了生活资料所能支撑的数量。自然生产了过量的有机体，并依靠风、水、鸟和其他动物播种。另外，有理性的生命则犁地、除草、挖沟，以合适的距离播种，这便是人类经济的方式。环境改变动物，但人可以改变环境。

竞争实际会阻碍最适者生存。理性的经济不仅节省资源，还可以产生更高等的有机体。最好的证据如下：一旦完全去除竞争，例如当我们人工栽培某个品种的生物时，这个品种便会迅速发展，很快就会超越那些依靠竞争生长的品种。更好的果树、粮食和牲畜都是这么产生的。即使是最理性的竞争也十分浪费。广告产生的社会浪费便是一个例子，它是"动物式狡诈的变形"，也是商业精明的标志。最后，带着辩手发表结辩陈词的激情，沃德论证道，自由放任事实上会破坏商业中任何可能存在的价值竞争。因为自由放任允许并购，最终可以导致垄断，所以要想保障自由竞争，就必须采取一定的调控手段。[17]

《动态社会学》写作的动因，"是一种越来越强烈的感觉，即社会科学截至目前取得的一切成果，在本质上都是纸上空谈"。这本书也是对那些"相信自然之道就是人之道"[18]的人的回应。沃德收集了所有反对自然法则的论据，并扩充了他对目的论式的进步的辩护。虽然他一直看不起"改革者"的头衔，坚称自己为社会科学家，但是《动态社会学》在本质上确实是一种请愿，是在支持有社会组织和引导的变革，或者用他自己的话说，"通过冷冰冰的计算进行的社会改革"，他认为，这种社会改革注定会替代之前那种自动发生的社会变革。[19]刚开始动笔撰写《动态社会学》时，他一度计划将它命名为《强大的万能药》。

但在一点上，沃德向生物学理论做出了妥协。他相信，人类是通过自然选择抵达当前的发展阶段的，自然选择的终极产物便是人的智力。但是，如果人类不用自己的智力进行自我改善，不用有目的的进步替代遗传的进步，人类就不能自认为比动物高级。[20]社会进步，一方面包括总的享受的增加，另一方面包括总的苦难的减少。

> 直至目前，社会进步一直用笨拙的方式自顾自地发生着，但在不久的将来，它们必须由我们管控。社会学作为一门应用科学，最主要的目标便是实现这一点，并且维持这种动态，抵御所有随着每次进步而增加的反对力量。[21]

在第二卷中，沃德强调了感觉在社会动力中的作用。感觉是心灵的基础元素，智力便是为了指导感觉而进化出来的。社会心灵是个体心灵的泛化或集合，由社会智力和社会感觉组成。如果感觉不受限制地运作，就会以冲突和毁灭告终，但智力可以通过制定规则和理想指导感觉，将它们引导到有建设性的渠道上。智力不断发展，最终不仅可以指导个体，也可以提出社会理想。

沃德称这种能带来进步的行动为"动态行动"，要实施这种行动，必须先创造出一种沃德称为"动态意见"的社会状态，即社会智力有能力行使指导功能的社会状态。[22] 如果一个社会要整体采取某个动态行动，那么必须尽可能地扩大知识的传播，让它的成员达到有能力也有准备的状态。

> 截至目前，智慧一直是自己成长的，但在将来，它注定要成为制造物。也就是说，经验带来的知识是遗传的结果，教育带来的知识是目的的产物。知识的产生和传播，不能再听从偶然和自然的支配了。它们必须系统化，发展成真正的技艺。人工获得的知识也是真正的知识，而且应该成为所有人的主要知识。人工供应的食物，要比自然供应的食物充足得多。同理，人工提供的知识，也要比自然提供的知识丰富得多。[23]

对于沃德，教育不仅仅是社会工程的工具，也是追求平等的一种手段，它可以给出身卑微的人带来机会，让他们的天赋得以发挥。[24] 自打儿时起，受过教育和未受过教育的人之间的巨大差距就给沃德留下了深刻的印象，他自己也有跨越这条鸿沟的经历。沃德从不相信这种差距是先天能力的区别造成的。他满怀热忱地强调教育的重要性的原因，是他个人借此取得了胜利。[25]

沃德相信，教育是改善人类的长期工具，因此，他对进化论也有所让步，勉强接受了拉马克和斯宾塞的后天性状遗传说（达尔文也接受后天性状能够遗传的观点，但最开始没有把它纳入他的进化论中）。后天性状遗传是沃德的乐观主义社会学的重要组成部分。他也数次和奥古斯特·魏斯曼（August Weismann）等新达尔文主义者发生分歧。在 1891 年发表在《纽约论坛报》上的重要文章《文化的传播》中，沃德指出，虽然后天获得的知识无法通过遗传继承，但是获得知识的能力则是另一回事。一些家庭成员拥有相同的技艺或天赋，这些天赋对于生存斗争毫无价值，却仍然会代代相传，这是自然选择无法解释的。沃德说，最好的解释便是假设，人使用心灵官能进行追求之所获，部分可以传给后代，成为种族遗产的一部分。如果魏斯曼的支持者是对的，如果这种遗传并不存在，那么"教育对于人类的未来毫无价值，只对接受它的这一代有益"。沃德得出结论，历史事实和个人观察支持获得性状遗传的普遍观点，直到科学带来最终结论之前，我们不妨先"拥抱这个妄想"。[26]

3

沃德有时会被归入社会达尔文主义者的行列，这是因为他的后期理论受到了奥地利冲突学派社会学家影响，[①] 该学派尤以路德维希·冈普洛维奇（Ludwig Gumplowicz）和古斯塔夫·拉岑霍费尔（Gustav

---

① 奥地利冲突学派研究了不同人类团体在历史上的发展，强调人与人之间的敌意和冲突在这种发展中起的作用，认为国家起源于冲突，而不是合作或神意。

Ratzenhofer）为代表。1903 年时，沃德就已经熟悉他们的作品了。他们对种族斗争起源的解读深深吸引了沃德，被他称为"截至目前社会学这门科学中最重要的贡献"，[27]《纯粹社会学》中有一小部分便是基于对他们的解读。在这些片段中，沃德把有组织社会的起源归结于种族间的征服。这种征服首先产生了社会阶级，然后，社会相继经历了五个阶段：①社会分层弱化，但不平等仍然存在；②法律的发展，巩固各种关系；③政治意义上的国家（state）诞生；④群体逐渐变得同质化；⑤爱国主义发展起来，以民族国家为形式的社会组织出现。[28]

进步经常诞生于不相似因素的被迫融合。我们可以谴责战争的暴行，但在过去，它是种族进步的必要条件。在未来，对落后种族的征服也是一件不可避免的事。[29]在高等社会中，理性、和平的社会同化过程，或许会取代过去基于遗传和暴力的手段。一个友善、和平的年代可能即将来临，就像斯宾塞笔下工业社会取代好战社会一样，但是世界似乎还没有发展到再没有战争的境界。对于沃德来说，冲突的消失是否值得憧憬，是一个没有定论的问题。[30]

虽然在这些问题上，沃德持的是奥地利冲突学派的立场，但是这丝毫不影响他的改良主义社会学的根本结构。他不认为冲突理论和他的集体主义有什么矛盾，虽然这两者事实上矛盾重重。他甚至还成功改变了贡布洛维茨的立场，让他接受了自己的乐观观点。[31]其实，在沃德的作品中，冲突学派只是昙花一现的小插曲，他晚年的理论和他在 1883 年的理论并没有显著差异。贯穿了他大部分作品的，是摧毁生物社会学的传统这个始终如一的目标。

在沃德的社会学中，有一个特点贯穿始终：他既反对斯宾塞一派让人麻痹的乐观，也反对马尔萨斯一派让人瘫痪的悲观。他认为，马尔萨斯、李嘉图和达尔文等人的悲观，以及斯宾塞的乐观，都是上层阶级合理化社会压迫和苦难的借口。[32]沃德指出，马尔萨斯的理论不适用于人类。他说，马尔萨斯的确发现了生物学的一大基本法则，但他把它用到了人类身上，这是把它用到了它唯一不适用的生物上。达尔文把马尔萨斯的法则用到动物和植物上，以便揭示整个生物界的运作，这是达尔文的天才之处。

虽然马尔萨斯的理论错误百出，但是它给人留下了社会基本法则的印象，这个印象至今未变，当前的社会学也建立在它的上面。但事实是，支配动物世界的基本法则，并不同样支配人和社会，除了在非常有限的意义上。如果我们把生物过程称为自然的，那么就必须把社会过程叫作人工的。生物学的基本法则是自然选择，而社会学的基本法则是人工选择。"适者生存"其实就是"强者生存"，而且不如把它叫作"弱者毁灭"。然而，如果说自然通过消灭弱者进步，那么人类是通过保护弱者进步的。[33]

沃德毫不畏惧笔战，积极与斯宾塞及其美国信徒——萨姆纳和吉丁斯交锋。关于萨姆纳的《社会阶级间彼此的义务》一书最不客气的书评，大概就出自沃德。在这篇发表在纽约期刊《人》上的书评中，沃德称该书为自由放任派作者"最后的哀号"，但它利大于弊，因为它太极端，简直像是在戏谑个人主义。

该书整体建立在一个根本性的错误之上，它认为世界上的恩惠完全按功劳分配，贫困说明好逸恶劳，富裕说明勤奋厚德。大多数人服从马尔萨斯主义，人类活动被贬低到了动物的层级。生存下来，说明适合生存；但是，所有生物学家都明白的事实——适合生存完全不同于真正的优越性，却被作者忽略，因为他不是生物学家。然而，所有社会学家也应该都是生物学家。[34]

在题为《赫伯特·斯宾塞的政治伦理》的长篇论文中，[35]沃德从斯宾塞的作品中巧妙地挑选了一些片段，其中充斥着极端个人主义的言论。例如，在一个片段中，斯宾塞指出，防止商人无情地讨价还价、追求暴利，应该依赖商人的善心。在另一个片段中，斯宾塞支持私人管控排水系统，还建议说，为了保证排水公司成功收款，对于拒不交款的家庭，可以威胁关闭其排水设施。在其他片段中，斯宾塞要么称失业者"一无是处"，称工会是"流浪汉常驻机构"，要么表达了对民主过程的贵族式的轻蔑。随后，沃德讨论了斯宾塞的个人主义和社会有机体论之间的矛盾。沃德问到，如果整合的最高机构——国家——不行使任何职能，那么作为进步而发生的不断整合，它的最终结果到底是什么？社会有机体的逻辑结果不是极端个人主义，而是极端集权。"哪怕是国家管控最坚定的拥护者，哪怕是最极端的社会主义者，也会回避如此极端的绝对专制，这种像是低等的多细胞动物的中枢神经节一样的专制。"[36] 有机体的类比，只有在描述社会精神方面是成立的，而且即使在这个层面上，它的逻辑中也蕴含着社会控制的含义，因为政府是民意的仆人，就像大脑是动物意愿的仆人一样。[37]

斯宾塞一派的另一个毛病，是对"自然的"一词的冗杂的定义。他们没有一致地用它来描述所有现象，只用它来描述他们认可的现象。事实上，因为社会具有惯性，无法立即回应改变带来的压力，所以"产生了正当合法且必不可少的社会变革者，他们是每个国家和时代的自然产物，而保守主义者一方面如此强调'自然的'，另一方面却无视这个现实，实属当今一大滑稽怪相"。[38]

沃德反对古典个人主义的前提，于是不得不自己开辟新的思想路线，建立了基于心理学和制度而不是基于生物学和个体的社会理论。自然和社会之间肤浅的相似性，虽然深受鼓吹竞争制的人喜爱，但是沃德和大多数职业生物学家一样，对此不以为然。他在社会中找不到自然界中的那些残酷进程。于是，他对社会达尔文主义发起了两方面的批判。首先，他揭露了自然的本来面目，展示了它的浪费，将它从大众心灵中的神坛上拉下来。接着，他展示了人类心灵在诞生之后如何将自然的遗传过程塑造成千差万别的性状，从而直接摧毁了一元论的核心理念——自然过程和社会过程之间的连续性。

达尔文学说强调跨越地质时期的缓慢渐变，将变化解读为"偶然的"，这似乎把目的论①（teleology）驱逐出了动物的世界，对于那些受一元论教条支配的人来说，这样做便也将目的论驱逐出了人的世界。如果没有更高的目标，如果高等物种的出现背后没有宇宙之手的引导，如果进化是毫无计划的偶然变异的结果，那么宇宙中便没有目的的一席之地，于是社会也必然和所有生命一样，毫无目的地发展和变化。但是，在沃德看来，这种回应似乎走得有些太远了。即使宇宙没有目的，至少人可以有目标，它在过去已经帮助人类在自然中抵达特殊的地位；而且，如果人类有这个意愿，目标还可以组织社会生活，为它加以指引。因此，应该正确认识追求目标的行为，意识到它不仅是个体的功能，也是整个社会的功能。

4

沃德一向兴趣广泛，他从一开始就希望为美国人解读欧洲的有关政府干预的思想和经验。除了自己在政府工作期间获取的洞见，他也关注外国政府的行为，尤其是在政府对铁路的所有权和监管方面，例如德国、法国、比利时和英国政府实施的政策。[39]他对比了欧洲的政府管理和美国的私人管理，称赞前者，批评后者。[40]沃德十分敬仰孔德，他反对自由放任，也是受孔德对自由放任的批判态度的影响。[41]

但不能因此就说，沃德不过是众多经济国家主义者中的一个。他支持政府管控，是受下层阶级偏见的影响。他似乎认为自己肩负着在学术论坛中为民众发声的职责。他反对个人主义的生物学论据，是他的民主信仰；他反对萨姆纳和斯宾塞，部分原因是感觉到了他们的贵族倾向。和凡勃伦一样，沃德觉得自己和美国智识生活的主流人物及

---

① 目的论一词有多种理解，这里应该指用目的（telos），尤其是既定目的，而不是自然法则来理解和解释事物发展的倾向。

他们的观点有些格格不入，这显然也加深了他对受压迫者的支持。他曾经抱怨过芝加哥大学的"资本主义倾向言论审查"。在 1896 年总统大选期间，他在写给正因为支持候选人布莱恩而饱受批评的罗斯的信中抱怨道，"我可能比您还更愿意接近平民主义。没有人比我更急切地希望限制金钱的力量"，① 但他还是补充道，免费的银子不能作为社会解药，他不希望再次经历他年轻时曾经历过的通货膨胀。[42]

1906 年在美国社会学协会的一次会议中，沃德在有关"社会达尔文主义"的讨论中发言，充分显露了他在社会中偏袒的一方。一名与会者提出了社会达尔文主义的提议，支持以优生学手段为主，谨慎地淘汰适应性差、依赖性强的个体。作为回应，沃德称这种学说是"寡头中心主义世界观最全面的例证，这种世界观正在逐渐统治社会上层阶级，它将整个世界的关注集中在极少的一小部分人身上，而无视所有剩下的人"。如果一个学科致力于教育和保护少数被选中的上层阶级，沃德继续说道，那么他不愿意为这种狭隘的学科工作。"我想要的是一门足够宽广、能够容纳全人类的学问。如果我不认为社会学是这样的学问，那么我也不会对社会学产生兴趣。"在接下来一段长短未知的时间里，社会是要从底层构建的，而且注定会从底部吸取并同化一大批原材料。他的对手或许会因此得出"社会注定要堕落到无望的地步"的结论，但还可以有另一种解读：

> 唯一的慰藉，唯一的希望，在于这个事实。在天生能力上，在潜在品质上，在过上更好生活的"前景和潜力"上，那些凡夫俗子、社会底层、无产阶级、工人阶级，那些"劈柴挑水的人和做苦力的人"，乃至贫民窟的居民，在本质上都和最有学识的优生

---

① 平民主义是美国 19 世纪末以农民为主的追求社会公正的运动，威廉·詹宁斯·布莱恩（William Jennings Bryan）是平民主义的同情者。当时美国陷入了经济衰退，布莱恩提倡从金本位回归金银复本位，主张采取自由铸银的政策来通胀货币。

学教授除了在特权上以外完全平等，在地位上都与自诩为"智识上的贵族"的人完全平起平坐，虽然后面两类人现在支配着社会，瞧不起前者。[43]

虽然沃德是社会规划的先驱，是大众的捍卫者，读过他的作品的社会主义者也赞赏并引用他的作品，但是沃德本人并不是社会主义者，而且诡异地对马克思传统无动于衷。他提出了自认为可行的，既有别于社会主义，也有别于个人主义的方案。它出自孔德，被沃德称为"全民政治"（sociocracy），意指"对社会进行的有计划的整体管控"。在全民政治体制下，有目标的社会行动，或者说"集体目的"，可以与个体的自利达成一致，实现方式是设计能够鼓励人类采取造福社会的行动的"有吸引力的立法"，也就是使用积极的手段，而不是消极和强制的手段。个人主义人为地制造了不平等，全民政治将会消除它们。社会主义试图人为地制造平等，全民政治则接受自然的不平等。全民政治会按照功劳分配恩惠，这和个人主义者要求的一样，但是，通过使所有人机会均等，全民政治又可以消除德不配位的人、因运气获得地位或财产的人，以及阴险狡诈的反社会者的优势。[44]

沃德率先支持社会规划政策，用历史视角检视了自由放任的缺陷，发起了反对生物社会学的运动，在这些方面他的贡献尤为突出，他解放了美国思想，让它摆脱了对19世纪科学不加反思的保守主义式运用。在社会心理学中，他帮助追随者更好地理解感觉在动机中起到的重要作用。当他尝试提出积极的措施时，他过于天真地相信教育可以重建社会，而且他的变革提议含糊不清，在这些方面他免不了受指责。在哲学层面上，他对一元论的批评没有做到完全前后一致，也不是特别体大思精。在抽象层面，他留下了许多空白，要等后来的实用主义者来填补。虽然沃德区分了遗传的和有目的的，这种二元论显然有别于斯宾塞被詹姆斯称为"整块宇宙"的观念，但"斯宾塞病毒"仍然在沃德的血液里流淌。在批判社会学中的自然崇拜者时，他不小心用了他们的语言，将大型集体描述为自然秩序的产物。他也曾经写过，仅凭集体目标就可以"让社会重归自然法则的自由水流中"。[45] 即使他发现了自己体系中的这个缺陷，他也只是以有目的的行为是遗传的产物为借口，把它简单掩盖了起来。对于一个如此反复地强调社会组织和过程独特的、人为的特征的人，使用物理、化学和生物学来解释社会学，把社会学放在宇宙论体系的框架下，确实是诡异的矛盾之处。

　　无论沃德的批评在技术层面是多么不完美，它仍然不失为大胆的先锋之笔。沃德没有受到应有的重视，原因正在于他比同代人超前了太多。"您不仅在时间上比我们超前，"斯莫尔在 1903 年写道，[46] "而且我们都知道，您在科学上也比我们先进了太多。您是小人国中的格利佛。"

Social Darwinism
in
American Thought

第五章

进化、伦理与社会

Passage 5

一份曼彻斯特报纸戏谑了我一番，说我证明了"强权即公理"，说因此拿破仑做的是对的，每个坑蒙拐骗的商人做的也是对的。

——达尔文致莱尔

1

斯宾塞、萨姆纳和沃德的哲学形成的时代，是一个充斥着知识上的不安全感的时代。我们已经看到，许多人感到惴惴不安，不知道在自然选择被完全接纳后，他们的宗教还剩多少理论能成立，还有些人十分担心达尔文主义在道德层面上意味着什么。虽然斯宾塞和进化人类学家向他们保证，它意味着进步甚至完善[1]，但是达尔文主义中的马尔萨斯主义成分却指向永不停歇的生存斗争——为了生存不受任何管控的竞争。虽然一些人相信更高等的新道德会出现，但是另一些人害怕道德标准会完全崩塌。

许多人担心，未来的主流价值观会彻底失去目的，走向虚无。在背景设在腐化堕落、纸醉金迷的镀金时代的华盛顿市的小说《民主》（1880）中，作者亨利·亚当斯便借小说中的参议员高尔之口，表达了这种价值观的内涵：

但是，我仍有信仰；或许不再相信旧的教条，但还有新的可以相信；我相信人性；我相信科学；我相信无处不在的适者生存。咱们要顺应时代，李太太！如果我们的时代要被打败，那就让我们战死沙场。如果它要胜利，那么就让我们率先奔赴前线。总之，我们不能偷懒，不能只知道抱怨。[2]

这种斗争的价值观，显然无法满足对传统理想有着更深厚感情的人。他们不禁问道：达尔文主义是不是在合理化残暴的自我肯定、对穷人和弱者的忽视、对慈善事业的抛弃？它是不是意味着，人口增长导致的生存压力永远不会消失，而进步必然导致对不适者的无情淘汰？

肯定的答案显然是不可能被接受的。这种对价值的颠覆，这种尼采式的"重新估定一切价值"，在一个盛行基督教伦理，拥有民主和人道主义传统的国家还是太极端。最常见的答案，是斯宾塞对进化论和理想主义的调和。斯宾塞预言了从军事到和平、从利己到利他的过渡。但是，他常常使用自命不凡的自然选择论腔调。这种高人一等的腔调，除了完全竞争理论的坚定捍卫者，或者能够完全接受自然主义伦理的人——这种伦理观完全没有"亲切熟悉"的神学约束——没有几个人能真正地接受。在《社会学原理》中，斯宾塞宣称：

> 我们不仅可以观察到，同类个体竞争中的适者生存一直在为高等种类的产生做贡献；也可以观察到，生长和组织的主要源头是不同物种之间永不停歇的战事。如果没有普遍冲突，就不会有积极的力量。[3]

虽然斯宾塞承诺了遥远的极乐社会，但是这种"永不停歇的战事"和"普遍冲突"的说法对于着眼于当下的人的价值观来说能有什么意义？一名慈善家问道：

如果人类没有别的未来，而只有斯宾塞描述的那种，那么我们岂不是都得集体服氯仿？没有个体的延续，没有上帝，没有高一等的力量，只有进化，虽然是朝着现世的仁爱社会和完美地球进化，但这一进程是否能成功，是否最终会有回报，都是十分不确定的。[4]

"赫伯特·斯宾塞的伦理观，肯定是最终的伦理观，"另一名批评者写道，"但还有一个亟待解决的问题：现在的伦理观应该是什么样的？"[5]麦考什也发问："受过教育的年轻人才刚刚开始体验生活，就被科学讲座和科学杂志告知，过去的道德约束全都失效了，他们该怎么办？"[6]

1879 年,《大西洋月刊》发表了戈德温·史密斯（Goldwin Smith）的文章，其标题《道德真空期的降临》十分醒目。文章讨论了自然主义引发的难题。史密斯相信，宗教在过去一直是西方道德准则的基础；实证主义者和怀疑论者以为，哪怕基督教被进化论摧毁，基督教伦理富有人情味的价值观仍能存续，这种幻想完全不实际。虽然史密斯承认，基于科学的伦理观或许最终能够成形，但是在目前，道德的真空期正在降临，就像在过去的危机时期曾经出现过的那样。在古希腊，科学思考导致宗教信仰崩塌，真空期由此产生；古罗马在基督教带来新的道德基础之前，也有过真空期。文艺复兴让西欧第三次经历道德崩塌，这带来了博尔吉亚和马基雅维利的时代，带来了吉斯家族和都铎王朝。最后，是英国清教的发展和天主教会的反宗教改革，让道德重新变得稳定。现在，宗教正处于新一轮的崩塌状态中：

那么，我们要问，这场革命可能对道德产生什么影响？有些影响会不可避免地发生。进化是强力，生存斗争是强力，自然选择是强力。可是，人与人之间的同胞之情，乃至人性的概念本身，又会变成什么？[7]

怎样才能防止不同人类种族之间的弱肉强食？（史密斯曾经听到一名帝国主义者说："殖民者的第一要务，是清除国家的野兽，而最有害的野兽便是未开化的人。"）另外，如果有暴君掌握了任何大国的大权，那么在不违背适者生存学说的情况下，能用什么理由来反对他？（拿破仑不就可以被理解为被选中生存的吗？）19世纪的人道主义将面临什么样的命运？如何防止社会冲突的白热化？对这些问题，史密斯没有答案，但他确信，即将发生的道德危机也会带来政治和社会秩序的危机。

其他作家则关注了更具体的问题。出于宗教信仰，哈佛大学道德哲学教授弗朗西斯·鲍恩（Francis Bowen）终生未能克服对达尔文的敌意。他强调达尔文主义可怕的社会后果，向达尔文主义发起非难，这大概道出了许多老派保守主义基督徒的心声。鲍恩知道自然选择理论源自马尔萨斯，他将其与达尔文主义并称为"孪生错误"。他指出，马尔萨斯学说之所以能在英国流行起来，是因为它反对了戈德温等人的革命思想，但是，它同时也被用来让富人摆脱对穷人痛苦所承担的责任。历史进程已经证明，马尔萨斯是错的，但是，正当他的理论从政治经济学中淡出时，达尔文的生物学给它带来了新的支撑。无论如何，反对马尔萨斯的论据仍然是成立的，因为社会过程和达尔文学说的过程是相反的。不可否认的是，底层阶级会比上层阶级生育更多后代，因此生存下来的是"最不适者"，而不是"最适者"。也就是说，在社会过程中，高等种类比低等种类受到的威胁更多。这个问题，只能依靠富裕、高雅、有文化的人来解决，他们必须打破马尔萨斯的诅咒，更积极地生育，这样才能推动文明的进步。无论把达尔文－马尔萨斯系统用到什么领域，后果都惨不忍睹：用到社会学上，其结果是对穷人的苦难无情地视而不见；用到宗教上，其结果是无神论；用到哲学上，其结果是阴郁又无用的德国悲观主义和对生命价值的藐视，而这，就像古罗马的斯多葛学派一样，是社会灾难的前兆。[8]

另一名作者在社会保守主义的看法上和鲍恩相当，但对科学精神更加友好。他预言，"同情的政府理论"和"科学的政府理论"将会发生严重冲突。有同情心的党派一心想要通过社会立法①改善工人阶级的生存条件。但美国不需要这种软弱的慈善。在美国，唯一能阻止一个人成为资本家的东西，是天生的无能。不可能在不造成社会灾难的情况下，人为地将大众从无能中解救出来。在"同情党"慈善家的影响下，美国正在遭受移民浪潮的侵袭，正在受到占比越来越大的无能者拖累。而科学的党派将"坚决维护竞争原则，坚持遵守供求法则，为适者生存提供公平的试验田"。9

"科学党"支持的学说和《来自利他利亚国的旅客》（1894）一书中的闲逸群体所持的观点十分相似。作者威廉·迪安·豪威尔斯（William Dean Howells）毫不留情地审视了这个群体的社会偏见。美国固化的阶级障碍，让来自虚构的"利他利亚国"的旅客任先生惊骇不已。而美国人则向他解释说：

> "我们这儿的阶级分化是自然选择的结果。等您熟悉了我们的体制是怎么运转的之后，您就会看到，我们这儿的阶级分化不是随随便便的，而是取决于一份工作是不是适合一个人，和一个人是不是适合一份工作，这是决定了一个人的社会阶级的东西。"
>
> 我接着说："您要知道，我们美国人，可以说是一种宿命论者。我们相信，一切到最后都会有正义的结局。"
>
> "嗯，我对此也没有怀疑，"任先生说，"假如自然选择真的像您说的那样完美地运转的话。"10

在"科学党"内部，也有成员怀疑进步的可能性。一名评论家在《银河月刊》上反对了对机器、发明和热门改革普遍存在的盲目信仰，称狂热分子想象中的万能药在人口压力下无济于事。乔治·卡里·艾

---

① 社会立法指为大众谋福利的立法，通常帮助的是弱势群体。

格尔斯顿（George Cary Eggleston）在《阿普尔顿杂志》上带着进化主义的乐观对他进行了回击。艾格尔斯顿指出，没有必要因为人口压力而怨声载道，也没有必要限制人口增长。世界的拥挤，可以刺激工业，迫使人提升自己的能力，这样也可以淘汰不适者，可以"淘汰没有价值的人，让有价值的人享受繁荣和权力"，因此拥挤的世界其实是进步最强劲的驱动力。

　　杰出的地质学家纳撒尼尔·S.沙勒（Nathaniel S. Shaler）的观点则更具人道主义精神。他作为"同情党"的一员，质疑了人口数量论的价值。沙勒首先指出，高等生物在后代的繁衍中浪费得更少，在人类文明中，智力选择已经取代了自然选择。他说，假如自然选择在文明中全力发挥作用，那么他愿意认可人口增长的好处，但事实是，人类的生存法则是"全部生存"，无论强弱。哪怕是在现代战争中，生存下来的也是软弱、胆小、体衰的人，"适者"反倒被消灭。因此，最好依靠教育来选拔少数人，而不是使用大自然的更加浪费的方法。教育需要较高的闲适程度，而这又要求人们"减少生育，以满足种族真正的需要。"[11]

　　大众媒体也讨论起这些没有定论的问题，而且用的也是这类字眼。在1871—1900年，严肃书籍的爱好者会读到许多颇有挑衅意味的讨论，它们争论着达尔文学说对于伦理、政治和社会事务来说意味着什么。当时对美国智识生活产生深刻影响的不只有萨姆纳和斯宾塞两个人。费斯克也是其中之一，他是美国人，而其他人大多来自英国。白芝浩、赫胥黎、亨利·德拉蒙德（Henry Drummond）、本杰明·颉德（Benjamin Kidd）和威廉·马尔洛克（William Mallock）等英国人都成了美国的思想领袖，地位几乎不亚于任何本土作者。还有一名欧洲大陆的思想家，俄罗斯贵族彼得·克鲁泡特金（Peter Kropotkin），也得到了关注和好评。他们贡献不一，但每个人的思想都得到了尊重。

2

对于自己的发现有什么伦理含义，达尔文自己给出的意见也有些含糊不清。他探讨过道德感和同情心在进化中的作用，因此对于那些认为他证明了"强权即公理"的说法，达尔文多少感到有些冤枉，这也是合情合理的。他没有预料到，自己的理论竟然会成为学术界的潘多拉魔盒。无论达尔文理论系统背后的马尔萨斯逻辑是多么冷酷，它都是经过了达尔文自己温柔的道德情感的过滤。不可否认，《物种起源》在精神上确实是霍布斯式的①，达尔文在《人类的由来》中"自然选择对文明民族的影响"一节中的论述，确实会让人联想到斯宾塞《社会静力学》中最残酷的片段：

> 我们文明人竭尽全力以抑制这种淘汰作用；我们建造救济院来收容低能儿、残疾者以及病人；我们制定恤贫法令；我们的医务人员以其医术尽最大努力来挽救每一个人的生命，他们一直坚持到最后一刻。……这样，文明社会中的弱者也可以繁衍。凡是注意过家畜繁育的人都不会怀疑，这对人类种族是高度有害的。②12

但是，这段话并不能反映达尔文的道德情感，因为他继续写道，这种无情的淘汰政策违背了"我们本性中最高尚的部分"，而这一部分是牢固扎根在我们的社会本能中的。因此，我们不得不忍受弱者生存和繁殖带来的恶果。但希望还是有的，因为"社会的衰弱成员和低劣

---

① 霍布斯，英国哲学家，现代政治哲学的奠基人之一，其政治哲学也和保守主义思维十分合拍，名字经常被左派学者用来指代保守主义观点，这是因为霍布斯的政治哲学理论建立在这样的基本假设上：人性是自私的，自然状态是"人与人之间的混战"的无法无天的状态。

② 这段和下面两处引言来自达尔文：《人类的由来及性选择》，叶笃庄、杨习之译，北京：北京大学出版社，2009年，第85—87页。

成员不会像强健成员那样自由地结婚"。达尔文还主张，无法让孩子免于贫苦命运的人不应结婚。在这点上，他又一次陷入了马尔萨斯主义，声称谨慎的人不应逃避维持人口数量的义务，他说因为正是通过人口压力和它带来的竞争，人类才取得了进步，并将继续取得进步。[13]

虽然说达尔文的写作中确实有能够支持极端个人主义者和无情帝国主义者的片段，但是支持社会团结和手足情谊的人若是仔细阅读了他的其他片段，应该还是会对他网开一面的。在《人类的由来》一书中，达尔文用相当大的篇幅描述了人的社会性和道德感的来源。他认为，原始人类、他们的类猿祖先以及许多低等动物，很可能已具有社会习性，远古的原始人会进行分工，他们的社会习性对其生存十分重要。达尔文写道："自私和好争论的人不会团结一致，而没有团结一致，什么也无法完成。"他相信，人的道德感是社会本能和习性发展的必然结果，也是群体生存的关键因素。群体意见的压力，家庭情感的道德作用，和自利一样，都是道德行为的生物基础。[14] 如此看来，克鲁泡特金写《互助论》时，将达尔文尊为前辈，还批评他人对达尔文的理论所做的霍布斯式解读，就很容易理解了。[15]

《人类的由来》出版两年后，白芝浩的《物理与政治》面世了。这本书也是从生物学推导出的社会思辨，它首次打破了斯宾塞在该领域的垄断地位。作品的副标题——"将自然选择与遗传原理用于政治社会后的思考"更加贴合内容。这本书是尤曼斯的国际科学丛书中的一本，出版后立刻在美国引起了积极反响。它也推动了用生物学脉络解释社会问题的风气。白芝浩从约翰·卢伯克（John Lubbock）和爱德华·泰勒（Edward Tylor）等进化民族学家的作品中获取了部分素材，试着采用他们的方式重构政治文明的发展脉络。

白芝浩没有试着解释，法律和政治制度是在什么条件下出现的。"但是，政治开始之后，解释它为什么能够延续就很简单了。无论在其他领域有什么反驳'自然选择'法则的论据，'自然选择'确实支配了人类的早期历史，这点是毋庸置疑的。最强者可以消灭最弱者，于是他们便消灭了最弱者。"任何形式的政治组织都比混乱好，所以，如果几个家庭集结在一起，然后从它们当中出现了政治领袖和一些法律习俗，这种集结体便可以迅速征服其他家庭。因此，问题不在于早期政治组织的优劣，而是在于有没有政治组织。它的作用是形成"习俗区块"，将人们凝聚在一起，当然，它也把每个人固定在社会秩序中的特定位置上，而每个人的位置是生下来便决定的——这是因为组织最初诞生在阶级制度下，过了很久才演化为契约制度。组织出现之后，第二步便是塑造民族品性。塑造的方式，是对少数榜样展现出的"偶然变异"的无意识模仿。所谓的民族品性，不过是在某个地区自然选择出来的品性，就像民族语言是成功流行起来的地区方言一样。

习惯上，进步被视为人类社会中再正常不过的事。但白芝浩说，实际上，它很少发生：古代人和东方人都没有进步的观念，野蛮人也从未进行过改善。进步只在少数几个欧洲民族发生过。一些民族进步了，另一些则停滞不前，这是因为，在所有情况下，都是最强者胜出，然后将他人踩在脚下。所谓最强者，便是"在某些技能上突出"的佼佼者。在每个民族中，胜出的品性都是最具吸引力的，通常也是最好的。而现在，在统领世界的西方，"内部力量"加剧了各个民族和各种品性之间的竞争。战争艺术的进步是确凿无疑的，它的推论也无可辩驳：先进的会消灭落后的，团结的会淘汰涣散的，文明的是最有凝聚力的。因此，文明的进步会带来军事优势。相比之下，落后的文明，由于其法律和习俗框架更僵化，会"把多样性扼杀在摇篮里"，但是，进步取决于变种是否出现。"进步只在这种幸运的场景中出现：法律的力量足以将国家凝聚在一起，但不足以扼杀变种，也不能破坏大自然永恒变化的倾向。"早期社会面临着两难的抉择：为了生存下来，它需要习俗；可是如果习俗不够灵活，无法容纳变异，那么社会就会僵化，永远无法摆脱古代的模式。白芝浩认为，现代社会是协商的时代，而不是刻板习俗的时代，现代社会已经找到了办法让秩序和进步和谐共处。[16]

达尔文试图寻找道德情感的根源和长期社会合作的基础——同情

心——的起源。费斯克在《宇宙哲学纲要》（1874）和《婴儿期的意义》（1883）两本书中分担了达尔文的任务。读完华莱士在马来群岛的观察之后①，费斯克产生了一个想法：人和其他哺乳动物的区别，在于人的婴儿期很长。于是，费斯克认为，一个物种潜在行为的复杂度，和它出生后习得的行为在所有行为中的占比，存在相关性。人类婴儿在胚胎期获得的能力所占的比例很低。比起其他物种，刚出生的人类婴儿发育不全，必须经历很长的塑造阶段，来学习种族的各方面。费斯克推断，人类这个物种之所以能够进步，是因为婴儿诞生时，能力还不是"板上钉钉"的，相反，他必须慢慢地学习。也正因如此，他能够习得的行为的范围也无比广阔。在很长的一段时间内，婴儿都需要照料，这便增加了母亲关爱和照料婴儿的年数，也把父母和孩子凝聚在一起——简而言之，稳定的家庭出现了，而且最终会产生部落组织，而这便是迈向文明社会的第一步。人类从群居生活步入社会生活。

部落组织起来后，自然选择便开始干预，以保障组织的延续。在生存斗争中胜出的部落，是原始的自私本能最有效地服务于群体需要的部落。如此一来，利他和道德的萌芽，最初只体现在母亲对婴儿的照料中，现在则不断蔓延到越来越广泛的社会纽带中，同情心不断增长，直到可以支撑当今文明人的公共生活。道德感的基础，是家庭这种原始的生物学单元，人的社会合作和社会团结都是完全自然的。[17]

费斯克的哲学试图在进化的过程中找到高级伦理冲动的直接根源，而赫胥黎则为道德的出现提供了另一种保证。对于大多数同代人来说，他的解释的说服力要小于费斯克。在 1893 年牛津大学的年度讲座"罗马尼斯讲座"中，赫胥黎发表了题为《进化论与伦理学》的著名演讲。和费斯克不同，赫胥黎完全接受对达尔文学说的霍布斯式解读。此外，

———————

① 华莱士于 1854 年至 1862 年在马来群岛考察，并将游记和科学观察汇集在《马来群岛》一书中。

他还指出，"毫无疑问，社会中的人也是受宇宙过程支配的"[1]，而这个宇宙过程，当然就包含了生存斗争和对不适者的淘汰。但是，对于将"最适者"等同于"最佳者"的常见做法，赫胥黎则断然否定。他认为，在某些宇宙条件下，唯一的"适者"反而是低等生物。人和自然有着全然不同的价值判断。伦理的过程，或者说产生众人认可的"最佳者"的过程，和宇宙的过程相反。社会进步意味着处处阻止宇宙过程。

在与该讲稿同名的文章中，赫胥黎将伦理过程比作园艺家的工作：花园的状态，不是"张牙舞爪的血腥自然"状态，因为园艺家让生存条件适应植物，而不是让植物适应自然，从而消除了斗争。园艺限制物种的繁殖，而不是促进它。和园艺一样，人类伦理也不遵循宇宙过程。这是因为，园艺和符合伦理的行为一样，都不是赤裸裸的生存斗争，而是人工地将外界理想施加到自然过程中。

社会越是发达，成员之间的生存斗争就越弱。如果在社会中实施丛林式的自然选择，只会弱化甚至毁灭将社会凝结在一起的纽带。

> 让我难以理解的是，有些人总是在盘算如何主动或被动地消灭弱者、不幸者和"过剩"的人，他们还认为这样是理所当然的，声称这样做是受命于宇宙过程，是确保种族进步的唯一途径。这些人若是要做到首尾一贯，就只能把医学列为妖术，把医生视为保护不适者的害群之马。在婚姻上，他们的第一原则是种马繁殖原则。因此，这些人一生都在培养可以压制自然感情和同情心（在他们身上这类东西自然所剩不多）的"高贵"技艺。然而没有了这些东西，就没有了良心，也没有了对人的行为的限制，只剩下自私自利的精打细算，以及在明确的眼前利益和不确定的未来

---

[1] 这段和下段引文来自赫胥黎：《进化论与伦理学》，宋启林等译，北京：北京大学出版社，2010年，第15页。

辛劳之间的反复权衡。经验已经告诉我们，自然感情和同情心弥足珍贵。[18]

现代社会中所谓的"生存斗争"，事实上是对享乐资源的争夺。只有穷到绝望的人、跌入底层的人和犯罪分子，才会为了真正的生存而斗争。这种斗争发生在社会最底层 5% 的人口中，不会对整体产生筛选的作用，因为这个阶层的人虽然可能死得早，但是在死前生育的速度很快。为了享乐资源而进行的斗争，虽然可能有一定的筛选作用，但是和自然选择或园艺家的人工选择还是完全不同的。人类不应向自然妥协，而应该"通过不断地斗争，来维持和改进有组织的社会的'艺术状态'，与'自然状态'对抗"。[19]

和费斯克的婴儿理论有着异曲同工之妙的，是苏格兰传教士德拉蒙德在罗威尔系列讲座①上发表的题为《人类的上进》的演讲。此前，德拉蒙德近乎哲学的作品《精神世界的自然法则》（1883）已经为他赢来一大批追随者。他并不否认"为生命斗争"的重要性，但将它视为生活戏剧中的反派，而不是生活的剧本。进化中的另一个重要因素，是"为他人生命斗争"。生存斗争的起因是对营养的需求，而为他人生命斗争的根源，是繁衍和通过繁衍产生的情感及关系。和费斯克一样，德拉蒙德认为家庭是人类同情心和团结的基础，因为为他人生命而进行的斗争是始于家庭的。

德拉蒙德对赫胥黎笔下宇宙和伦理的二元论持批评态度，他试着为道德寻找自然的根基。而他找到的答案，是对进化过程的目的论解释。他认为，为他人生命所做的斗争，是上帝为实现完善提供的工具。如此一来，德拉蒙德做到了一石二鸟：一方面，他修补了自然的进化论和人的道德之间的裂痕；另一方面，他拯救了唯心论，让它免于被进化论机械解读。"进步的道路，就是利他的道路。进化不外乎是爱的

---

① 罗威尔学院是 1836 年在波士顿建立的教育机构，向大众提供免费讲座。

归位，是无限的圣灵，是永恒生命向自身的回归。"[20] 德拉蒙德承认，生存能力就是单纯的适应能力，和伦理价值无关。他也承认，工业化进程和进化中的竞争之间，也存在一定的相似性，工业竞争和"纯粹的动物性斗争相差无几"。[21] 但是他也相信，随着为他人生命所做的斗争不断增加，随着技术进步，斗争正在失去动物式的凶猛。如果进化是一本书，那么它的前几章或许可以叫作生存斗争，但在整体上，这本书是一个关于爱的故事。

没有德拉蒙德的书那么热门，但影响时间更持久的，是克鲁泡特金的《互助论》(1902)。这本书的初衷，是回应赫胥黎的《进化论与伦理学》。克鲁泡特金是集体主义者，对于任何无视合作在进化中起到的重要作用的哲学，他自然有天然的反感。早年在亚洲北部时，克鲁泡特金看到西伯利亚的啮齿动物、鸟、鹿和野牛在各自种群内部的相互帮助，并对此产生了深刻的印象，这让他坚信同一物种的动物之间没有为了生活资料而进行激烈斗争。一些达尔文主义者认为，内部斗争是进化的关键要素；但在克鲁泡特金看来，达尔文本人并不支持这个观点，因为他明确认可了合作这个要素。

克鲁泡特金旁征博引，用他渊博的自然和历史知识支持了自己的论点。从蚂蚁、蜜蜂、甲壳虫到所有哺乳动物，克鲁泡特金发现它们都有物种单元内部的合群性和合作行为。鸟类，包括猛禽，也具有群居性，狼成群猎食，啮齿动物协作劳动，马匹成群结队地活动，大多数猴子也过着群居生活。接下来，克鲁泡特金考察了人与人的互助，从原始人、野蛮人、中世纪人一直考察到现代人。他总结了生物学给人的生活带来的教诲：

> 十分可喜的是，无论是在动物界还是在人类中，竞争都不是硬道理。它在动物中只限于特殊时期，而自然选择也有更好的作用场景。以互助和互援的办法来消除竞争，可以创造更好的环境……

"不要竞争！竞争永远是有害于物种的，你们可以找到许多避免竞争的办法！"这是自然的倾向，虽然这个倾向没有完全实现，但它是永远存在的。这是树丛、密林、江河和海洋给予我们的警示。"所以，团结起来，实行互助吧！这是能让个体和全体获得最多安全的方法，用以保证生存、体力、智力、道德和进步的最可靠的方法。"这就是自然对我们的教导。[22]

3

在其他地方，竞争法则仍在得到支持，新的证据也不断涌现。在19 世纪 90 年代，虽然竞争越来越多地出现在"被告席"上，但是两名当红作家加入了为它辩护的阵营，试图再一次把竞争伦理纳入进化论的框架。

智识界出现了两股新趋势，让进化论的拥趸的语调发生了改变：一方面，社会抗议增长，引发了亨利·乔治和爱德华·贝拉米（Edward Bellamy）发起的运动，费边社会主义论文集出版，马克思主义越来越普及；另一方面，在生物学领域，魏斯曼发表了有关后天性状遗传的研究。[23] 魏斯曼认为自己找到了驳倒后天性状遗传说的决定性证据。如果他是正确的（大多数生物学家确实这么认为），那么斯宾塞哲学中的拉马克主义成分便不再成立。于是，一些社会达尔文主义者的希望——增长知识，培养善心，然后把好的品格遗传给下一代，从而进化出理想种族——也成了泡影。社会进化的理论，必须更严格地沿着符合达尔文学说的脉络重新构建。如果进步真的可以发生，那么现在它必须严格基于自然选择。

1894 年，还是一位不知名的英国公务员的颉德出版了著作《社会进化》，在书中借机探讨了这些问题，让这部作品在英美学界风靡一时。颉德建立了一个基于魏斯曼理论的框架，来调和竞争、自然选择和抗议热潮掀起的立法改革。他的理论始于一个熟悉的信条：进步是选择的结果，而选择必然涉及竞争。[24] 因此，进步的文明的核心目标，必然是维护竞争。

但是，颉德也意识到，对于大多数人和来自五湖四海的弱者来说，维护竞争的动机只会越来越弱。正因如此，社会抗议的呐喊声才越来越嘹亮。

> （人类）作为个体的利益，事实上已经越来越服从于社会有机体的利益。后者的利益范围更广，历史也更长久。可是，人类是具有理性的，怎么能让他们甘愿承受如此沉重的生存条件，持续牺牲个体的真正福祉，来服务对个体毫无益处的发展呢？[25]

被以"让更进步的人出现"的名义屠杀的印第安人和新西兰毛利人为什么要对进步有任何兴趣？换句话说，一个对西方文明及其未来而言更重要的问题是，当社会通过竞争制度实现进步时，"人群中的大多数，亦即所谓的低等阶层"成了牺牲品，有什么理性的原因，能让这些人接受施加在他们身上的审判和折磨？他们已经逐渐意识到，理性地看，他们的个体利益显然在于废除竞争、停止敌对、建立社会主义制度、控制人口，以便让人口和"让所有人过上舒适生活所需的资料成正比"。

这便意味着一种矛盾，其一方面是群体及个体的理性利益，另一方面是社会有机体的持续进步。颉德认为，二者之间的矛盾无法用理性来调和，但他主张，不妨让哲学放弃为人的行为寻找理性根基的努力，这样便可以用全新的眼光看待问题。这种眼光是宗教的眼光，也能充分揭示宗教的社会功能。

颉德指出，所有宗教观都有一个共性，它们都揭示出："在某种意义上，人与自身的理性存在冲突。"普遍而本能的宗教冲动，承担着不可或缺的社会功能：它为进步提供了超自然、非理性的依据。所有类型的宗教系统都"和行为相关，并具有社会意义，而且无论在什么领域，它为它规定的举止所提供的终极裁决都是超理性的"。颉德认为，宗教之所以能够一直作为社会制度延续，是因为它对人类而言意义非凡：它驱使人们以符合社会责任的方式行事，而在所有纯理性的思维方式中，都不存在这样的冲动。[26]

颉德肯定了利他主义对人类的作用，但他提供的辩护和斯宾塞有显著的不同。颉德认为，利他没有理性的理由，它的理由不仅是超理性的，而且也违反个体的自利。这也是它经常被认为和宗教冲动有密切关系的原因。我们必须服从利他的冲动。在行动上，我们确实也正在服从利他的冲动，证据便是一股增长的趋势，它以上层富裕阶级为代价，为下层的弱者提供支持和工具。慈善以及通过社会立法巩固大众权利的普遍趋势，都有刺激竞争的作用。这样可以提高西方社会的效率。未来，所有进步立法都必须以提高大众效率，将他们引领到有活力的竞争中为目的。国家永远不可能采取管理产业或者没收私有财产这种极端手段。[27]一种"新民主"将从这种进步的运动中诞生，它高于人类历史中曾取得的一切成就。

颉德提供给他成千上万的读者的，是一种奇特的混合。它掺杂着蒙昧主义、改革主义、基督教信仰和社会达尔文主义。他的学说遭到了社会各界人士的反感，包括希望为自己的信仰找到理性根基的宗教信徒、老一代自由放任派的社会达尔文主义者、斯宾塞的正统支持者以及各门各派的理性主义者。但是，这些人的敌意并没有削弱颉德对大众的吸引力。一名杰出的美国社会学家抱怨道："在我看来，他的名声是一大怪事，是把汉弗莱·沃德夫人①（Mrs Humphry Ward）捧上神坛、现在已经完全丧心病狂的那一代读书人的想法中，最丢人的、最不可理喻的东西之一。"[28]相对而言，约翰·A.霍布森（John A.

---

① 汉弗莱·沃德夫人是一位英国女性作家。她的代表作《罗伯特·艾尔斯梅尔》（Robert Elsmere）中提到的基于社会关切而非神学的基督教在当时的社会引起广泛共鸣。——编者注

Hobson）在《美国社会学杂志》（*American Journal of Sociology*）上给出的解释则更加宽容：

> 在许多仍然恪守正统宗教信仰的人中，有一种感觉正在快速蔓延：宗教的知识根基已经不复存在。他们不是理性主义者，大都从未严肃地审视过自己的信仰的理性根基，但是，理性批判令人心神不定的影响，还是以一种模糊的姿态触及了他们。因为这些人是基于教条而行动的，所以他们在道德上是软弱的，而现在，他们急切地抓住了一门理论，一门既可以拯救他们的宗教系统，又不违背现代文化的理论。[29]

西奥多·罗斯福[①]则在《北美评论》上针对颉德做出了有褒有贬的回应。根据罗斯福的解释，颉德认为社会进步基于生物法则；他将社会主义批评为一种退步，认为国家不应该废除竞争而应使竞争机会均等；他还强调效率是评价社会的标准，区分了品性和智力的不同，这些观点是罗斯福赞成的。但是，罗斯福认为，颉德过度强调了竞争的必要性，此外，哪怕不存在有组织的社会援助，不适者也能生存下来，发展得更加具有适应性，而不是被淘汰，然而颉德忽视了这种倾向。罗斯福还认为，颉德夸大了大众的苦难。在进步的社群中，有五分之四或者十分之九的人都是快乐的，因此，他们其实有为进步做贡献的理性依据。另外，颉德认可所有宗教的价值，对它们一视同仁；但罗斯福认为，基督教实际上要比其他宗教优越得多，因为它教导个体服从整个人类的利益。最后，颉德对宗教的看法也让罗斯福不满，他认为这种看法相当于把宗教当作"世界前进所需要的一系列谎言"。[30]

---

① 西奥多·罗斯福（Theodore Roosevelt，老罗斯福），美国共和党成员，1901 年至 1909 年担任美国总统，前文中提出"罗斯福新政"的是后来任总统的民主党成员富兰克林·D. 罗斯福（小罗斯福）。

4 年后，一名因其著作而在美国小有名气的蹩脚写手马尔洛克推出了名为《贵族与进化》的作品。在这本书中，马尔洛克试图推翻颉德的整个系统，以及所有盛行的社会进化理论，提议重返纯粹的个人主义。

马尔洛克的意图，是论证富裕阶层的权利和社会功能。他认为斯宾塞和颉德的进化哲学没有正确理解这两个元素。根据马尔洛克的看法，当时社会学的一大误区，是笼统地使用"人类""种族"和"国家"等字眼，而没有把它们细化为阶级和个体。虽然斯宾塞和颉德大张旗鼓地讨论着社会全员的进化和进步，但是他们却未能给予伟大的人应有的重视，忽视了后者的成就与贡献。他们低估了伟大领导者的荣耀，错误地把其成就归功于整个社会，以及社会中传承的技能和成就。根据同样的逻辑，大众也没有为他们的低劣表现担负应有的责任。

马尔洛克心中的伟人，显然不是在生存斗争中存活下来的身体最强壮的人。身体强壮的人的成就，不过是生存下来而已。虽然这无疑也为种族的进步贡献了一份力，但是这个进程缓慢而且不引人瞩目。而伟大的人则获得了独特的知识或技艺，并把它们传授给大众，从而为社会增光添彩。体魄强健的人促进进步，是通过保证自己生存，让他人灭亡；而伟大的人促进进步，是通过帮助他人生存。普通工人寻找工作时面临的斗争，正是生存斗争在社会中的体现。它对于进步贡献甚微，因为人类过去最主要的进步，都和劳工群体的长进没什么关系。真正促进进步的工业斗争，是领导者或雇主之间的斗争。当一名雇主成功打败另一名雇主时，败者的员工被胜者雇用，而员工什么都不会失去。但是，成功的领导者得到的战果，却馈赠给了社群。因此，导致社会进步的，不是为了生存而进行的残酷斗争，而是富人之间为了征服而进行的斗争。

马尔洛克继续说，"最适者"的统治对于整个社会都十分有益。要想进行征服，伟大的人必须具有强烈的动机，并被赋予征服所需的工具。这在本质上是一个经济问题。伟大的人为了施加影响，要从奴隶制和资本主义工资制两种经济手段中挑选一种，其中一种体制是强迫性的，另一种则通过诱导自愿行为运转。如果想要废除工资体制，就只能建立奴隶制。他们无法消除以征服为目的的斗争，只能把它控制在他们累赘又浪费的体制内。一个社会系统若要进步，就必须保留劳动指挥者之间的竞争，保留以工业征服为目标的斗争。无论社会将来会经历什么，都必须保障伟大的最适者的统治地位，也就是保障资本主义竞争。这些人是真正的生产者。社会进步的根本条件，是大众对这些领导者的服从。在政治中和在工业中一样，民主制都是有名无实的。这是因为，虽然行政机构的设计目的是行使大众意愿，但是大众的观点是由少数人塑造的，少数人操纵着大众。[31]

4

一名读者若是带着热忱和虔诚的态度读遍所有这些作者的提议，恐怕会更加迷惑，难有豁然开朗之感。但是，即便是在这一团混沌之中，也有一个趋势是明确的。这个趋势在费斯克、德拉蒙德和克鲁泡特金的思想中尤其明显。他们都赞同社会团结；他们视群体（物种、家庭、部落、阶级或国家）为进化的单元，不重视或者完全无视个人的竞争。正因为这一点，极端个人主义者马尔洛克才反对当时的进化思想。费斯克、德拉蒙德和克鲁泡特金不仅都认为，社会团结是进化的基本事实，也相信社会团结是完全自然的现象，是自然进化的逻辑产物。[32] 在这一点上，他们和赫胥黎不同。虽然赫胥黎和他们一样，也担心生存斗争哲学对"社会纽带"的影响，但是他没有在"宇宙过程"中找到"伦理过程"的基础，所以不得不把这两者分开，建立了事实和价值的二元论，也因此招致了许多批评。最后，即便是在抽象层面上忠实于竞争的颉德，也是接受有利于群体效率的社会立法的。

19世纪90年代，美国的社会思想向团结主义的转变清晰可见。这个年代见证了德拉蒙德和颉德的著作，赫胥黎的文章，还有《互助论》的雏形。事实上，这股转变从属于美国思想在当时经历的更广泛的重塑。伴随着团结主义兴起的，还有几股其他批判力量。在哲学领域，实用主义渐成气候，这个运动意义重大，因为它拒绝斯宾塞哲学冷酷的决定论，建立了新的心理学（使用的素材部分来自达尔文主义）。在社会中，随着反抗之音越来越响亮，新的针对有意识的社会控制的顾虑也出现了。在政治和工业事件的影响下，社会科学对其目标和方法进行了重新评估。关于达尔文学说的社会意义的早期构想，也开始经历深刻的变革。

Social Darwinism in American Thought

第六章

反对之声

Passage 6

我们可以既超越斯宾塞先生的局限性，又巧妙地远离社会主义的阵营。

——华盛顿·格拉登

真诚、正直的改革者不再相信，国家的希望注定会自动实现。毫无疑问，改革者们……大声宣称，自己坚信国家将拥有一个使人民受益的美好未来，而且这是不容置疑的。但是，他们并不相信而且也无法相信，美好的未来会自行实现。身为改革者，他们一定会坚持认为，国家机体暂时需要接受全面的医疗护理，而且许多改革者预测，医生结束对患者的日常治疗后，患者仍然需要医疗专家的监护。

——赫伯特·克罗利[1]（Herbert Croly）

1

19世纪70年代至90年代，美国陷入了动荡和不满中，反对自由竞争的力量也应运而生。两场经济恐慌和之后漫长的萧条期，在19世纪70年代和90年代严重扰乱了美国经济。夹在中间的19世纪80年

---

[1] 赫伯特·克罗利，进步时代的思想领袖，1914年创办《新共和》杂志，该周刊反映了进步时代的思想，支持工会、八小时工作制、女性选举权等改革政策。引文来自克罗利：《美国生活的希望》，王军英、刘杰、王辉译，南京：江苏人民出版社，2006年，第19页，略有调整。

代也不是风平浪静的繁荣时期，劳工起义接连不断，达到了空前的规模和激烈程度。劳工骑士团[①]的发展、接连不断的罢工，以及八小时工作制运动和干草市场事件[②]这两大高潮，让劳工问题成为公众关注的焦点。在 19 世纪 90 年代的萧条背景下，农民示威和劳工动乱一并引发了 1896 年波及全国的政治动荡。

除了劳工阶层，城市中改革情绪的另一个明显来源是社会福音运动。许多新教神职人员抨击工业化，就像他们的前辈从前抨击奴隶制那样。他们的抗议给战后的反抗之音添加了浓浓的基督教色彩。

城市中的神职人员对工业化中的斑斑劣迹有着直观的体验。他们亲眼看到了劳工的生活条件，他们的贫民窟，他们少得可怜的薪酬，他们的失业，他们的妻女不得不从事的劳动。许多牧师都因为教会太脱离工人阶级而感到忧虑不已；他们也意识到，在这种压抑残酷的环境下，讨论道德改革和基督教行为准则是不现实的。工业化中的真实画面不仅让他们震惊，也让他们产生了警觉。虽然他们对工会有好感，尤其是只起消极防御作用的工会，但是工人暴动的可怕潜力仍然让他们感到惴惴不安。他们正在了解欧洲社会主义的学说和方法，但对在美国传播它们仍有所顾忌，至少在一开始是如此。于是，他们寻求一种折中方案，希望在竞争制下个人主义的冷漠无情和社会主义的可能危险之间达成妥协。此外，虽然农民的不满在国家和各州政治中占有重要地位，但是教会的关注却几乎完全聚焦在劳工问题上。那里有着危险，也有着希望。[1]

社会福音运动的大多数领袖都在城市工作。其中最著名也最活跃的是多产的格拉登（Gladden，1836—1918），他曾在多个城市传

---

① 劳工骑士团创立于 1869 年，后发展成美国首个全国性的工人组织，在 19 世纪 80 年代尤为活跃，在 19 世纪 90 年代衰落。

② 1886 年 5 月 4 日在芝加哥干草市场举行的无政府主义抗议，这场以为工人阶级争取权益为目的的和平示威升级成了暴乱，导致多人伤亡，八名组织者被控企图谋杀而受审。

教，也曾作为撰稿人在《独立报》工作。在格拉登的同代人中，类似的温和改革派有莱曼·阿伯特（Lyman Abbott），他是当时最有影响力的牧师之一；有贝伦兹斯（Behrends）牧师，他希望说服基督徒预先铲除社会主义的威胁，提前寻找更易于接受的方案以便先发制人；还有哈佛大学基督教伦理学教授弗朗西斯·格林伍德·皮博迪（Francis Greenwood Peabody），也是温和改革派。在社会福音的支持者中，也有一些对社会主义比较友好的人。其中，波士顿的威廉·德怀特·波特·布利斯（William Dwight Porter Bliss，1856—1926）建立了圣公会促进劳工利益协会，这是一个新教圣公会派改革组织。布利斯还发行了激进的《曙光报》(Dawn)，在报纸中支持多项左派运动。1889 年加入美国社会党的乔治·赫伦（George Herron，1862—1925），是艾奥瓦大学应用基督教教授。他也是著名的演说家，在宣传社会福音运动上的成就首屈一指。沃尔特·劳申布什（Walter Rauschenbusch，1861—1918）也是社会主义的信奉者，他的作品对进步时代的基督教社会思想产生了深刻影响。

社会福音运动最伟大的成就出自中西部作者的笔下。例如，乔赛亚·斯特朗（Josiah Strong）所写的讨论国内问题的《我们的国家》，是 1880 年的畅销书。堪萨斯州的牧师查尔斯·谢尔登（Charles M. Sheldon），用类似小说的形式写了《追随耶稣的脚步》，书里描述了一个小城中一群依照耶稣的训诫行事的人的社会体验。截至 1925 年，该书的英文版一共售出了 2300 万册。[2]

亨利·乔治提出的单一税制改革方案[①]，贝拉米发起的国家主义运动，都和社会福音运动不谋而合。乔治和贝拉米都来自虔诚的基督教家庭，二人都是不折不扣的信徒。他们的写作中充斥着道德上的义愤，这对于熟悉社会福音派写作的人来说绝不新鲜。乔治和贝拉米的追随者与社会福音派有相同的愿景。事实上，许多关注社会问题的神职人

---

① 乔治提议，为了遏制土地投机行为，用土地增值税替代所有税收。

士既支持单一税制，也支持国家主义运动。在另一个战场上，社会福音派也和开始批判个人主义的学院派经济学家结成了同盟。约翰·R. 康芒斯（John R. Commons）、爱德华·贝米斯（Edward Bemis）和理查德·伊利等进步主义经济学家，成了教会人士和其他专业经济学家之间的桥梁。在美国经济学会，神职成员一度超过了 60 名。[3]

社会福音运动兴起的年代，正是进化论在进步派教会中成功招降纳叛的年代。而在社会领域有自由主义倾向的牧师，在神学领域几乎也无一例外地持自由主义态度。[①] 于是，社会福音运动的社会理论，便也深受进化论的自然主义对社会思想的影响。此外，随着思想日益世俗化，神职人士的关注点也越来越多地从抽象的神学转向了各种社会问题，神学的解放打破了宗教的孤立。另外，社会福音派领袖的另一个灵感来源，是进化论视角开启的对发展的回顾和展望。他们相信，进步是必然的，地球会发展出更高等的秩序——上帝之国，进化论也被用来支撑这种信仰。劳申布什写道：

> 将进化理论翻译成宗教信仰，就可得到上帝之国的学说。通过与科学的进化思想相结合，上帝之国的理想可以摆脱它的灾难背景和恶魔主义的背景，更适应现代世界。[4]

斯宾塞的社会有机体论也吸引了进步派神职人士。不过，它的新用途若是被斯宾塞本人知晓，恐怕会被严厉地否决。对于他们来说，社会有机体的概念意味着，个体的拯救已不再有任何意义，未来的人将更多地谈论格拉登的"社会拯救"理论。这意味着，不同阶级之间的利益将和谐共存，这为他们提供了一个理论框架，来反对阶级冲突观和长期国家干预政策。[5] 不过，阿伯特认为，社会有机体的概念为缓

---

① 经济自由主义（支持自由贸易，反对政府干涉或管控经济）是保守派的特征，其他领域的自由主义（例如这里的神学和社会）是进步派的特征。

慢的逐步改革提供了依据。[6]还有一些社会福音派作者，摆脱了人性"全然败坏"①的神学观念，接受了一个和斯宾塞等保守派更接近的观点：应该通过改变个体的品性来改变社会秩序。

在一个关键方面，社会福音的奠基者背离了进化论在社会领域的主流用法：他们讨厌也惧怕自由竞争制和它的后果。无论他们受个人主义影响有多深，无论社会主义让他们多么惶恐，他们仍然普遍同意，自由的竞争必须受到制约，曼彻斯特主义经济学②和斯宾塞式的社会宿命论应该遭到抛弃。贝伦兹斯写道："基督教不可能认可'自由放任'哲学，也不可能接受永恒的完美社会状态是自然法则和无限制的竞争的结果。"[7]贝伦兹援引比利时社会主义支持者埃米尔·德·拉维勒耶（Emile de Laveleye）的观点，即达尔文的追随者和自然法则的政治经济观"是基督教和社会主义的真正敌人，也是二者唯一逻辑上的敌人"，他继续写道：

> 我们反对达尔文学说，不是反对其作为一门无意识的、不负责任的生存哲学，因为这种哲学在纯粹的生物科学中是可能成立的。但是，理智和良知是我们的馈赠，自我意识和自我决定是我们的力量，它们让人类超越了动物或植物，也赋予人类以能力，允许我们改变和控制自然选择的法则，弱化生存斗争的激烈程度。
>
> 穷苦和受压迫的人是时候明白了，他们若想获得解脱，就永远不能指望那种和海克尔及达尔文的理论勾连的政治经济学。对于仁慈的义务，它一无所知，它只认可最适者的生存权。[8]

---

① 新教尤其是加尔文神学的观念，认为人性彻底败坏，有悲观的宿命论色彩。

② 借鉴了古典经济学，推崇自由放任的经济学流派，即假设人的本性受自利驱使，推崇自由贸易和财产权，反对政府管控，并认为这些原则是自然法则。代表性运动是反谷物法同盟。

格拉登也持有类似的观念。他经常发声反对斯宾塞和所有鼓吹物竞天择的人。他警告说，弱势阶级将会团结起来，共同向威胁他们存活的竞争体系发出反击。如果将冲突法则接受为工业社会的常态，那么其自然后果，便是大量资本和劳动力的集结和彼此斗争。[9]他呼吁，为了避免灾难的降临，雇主和雇员应该达成"工业伙伴关系"。如果将自然的规律视为支配经济行为的法则，那么此时无论怎么敦促雇主去遵从基督教良知的呼唤，从而更宽容大度地与同胞共处，都无济于事。[10]他希望工会壮大起来，来制衡大型工业联合，希望仲裁取代冲突，成为解决问题的方法。他说，竞争和适者生存的法则，是植物、野兽和野蛮人的法则，不是文明社会的最高法则。善意和互助的高等法则，已经在社会中出现，随着种族的进步，生存斗争将会消失。[11]

对于将自利和冲突视为社会组织的根基的观点，赫伦的抨击则更加慷慨激昂。他痛斥了萨姆纳和斯宾塞关于自利的假设，[12]并指出，心安理得地将竞争视为生命和发展的法则的做法，是"社会科学和经济科学的致命错误"。他也宣称，该隐是"竞争理论的作者"。[①13]

有关制约竞争的手段，社会福音的领军人物最推崇的，是基督教伦理的教导和基督教良知的呼唤。赫伦曾经说过，"登山宝训[②]就是社会的科学"。[14]另外，他们也认可费斯克和德拉蒙德等人的观点，认为将竞争视为人生法则的做法有很多局限性，并致力于在进化的自然过程中寻找这种局限性的来源。[15]

随着社会福音运动的发展，它对市政社会主义和基础行业的公共管控的好感也不断升温，就连持有典型的反对社会主义观点的人，也在写作中表达了这种好感。社会团结主义在美国不断成长，社会福音运动在这点上功不可没。这是因为，它的宣讲有成千上万的观众，它

① 该隐，《圣经》人物。根据基督教神话，该隐是人类中首位杀人者。
② 登山宝训，《圣经》中耶稣在山上说的话，被视为基督徒的言行和生活准则。

的书籍有数十万的读者，还有不计其数的人加入了它的组织或者参与了它举办的会议。这个常被研究美国社会文献的史学家忽略或低估的思潮，为多个宗教机构指明了变革的长远方向，也为后来各种心系社会的宗教改革运动铺平了道路。社会福音运动奠定了进步时代的基础。

2

两位城市中弥漫的不满情绪的最杰出的代言人，亨利·乔治和贝拉米，也认为有必要反驳进化社会学的保守主义论点。和其他反抗者不同，乔治接受竞争，认为它是经济生活的必然方式。[16] 但和大多数反抗者一样，他也认为进化社会学的宿命论是必须反对的。为了宣扬他提出的单一地价税制，让它打开进步和富足的新世界的大门，他自认为必须做的，一是反驳马尔萨斯对穷困的解释；二是驳倒斯宾塞用来反对快速进步的论据。在乔治的巨著《进步与贫困》中，第二编便是用来反驳马尔萨斯的。乔治认为，许多经济学家仍然被马尔萨斯的魔爪牢牢钳制。然而，生产能力已经十分强大，匮乏却仍然存在，这说明生存压力不是人口导致的，马尔萨斯的法则是不实的。

乔治得出了结论：

> 我断言，匮乏和不幸的原因，是社会的不公，而不是大自然的吝啬，而目前流行的理论把这些归咎于人口过剩；我断言，增加的人口带来的新增的嘴，不比原有的嘴需要更多的食物，而同时增加的手，能在事物的自然秩序中生产更多的东西。[17]

在《进步与贫困》末尾的第十编，乔治与当时占主导地位的进化保守主义展开了交锋。他描述了达尔文生存竞争式的进步学说若被实施的真正后果："这个理论的实际结果是一种抱有希望的宿命论，这种论调在现代文献中比比皆是。"

　　在这种观点中，进步是由于缓慢地、稳步地、不瞻前顾后地提高人的处境的力量发挥作用的结果。在现代文明中使人越来越烦恼的战争、奴役、暴政、迷信、饥荒、瘟疫、匮乏和贫苦是一种推动的原因，它以消灭衰弱类型和扩大优秀类型的方式促使人类前进。遗传是使先进因素固定下来的力量，它把过去先进的因素变成再次进展的立脚点。个人是印压在过去长长一连串个人身上并通过他们而永存的各种变化的结果，社会组织则从组成它的个人那儿取得它的形式。①

　　乔治引用了斯宾塞的《社会学研究》，并指出，斯宾塞在书中说道，他自己的社会理论"比目前激进主义能想象的任何理论都要激进"，原因是它预示了人性本身的变化。但是，乔治说，它也比当时保守主义者能想象的所有理论都要保守，因为根据这种理论，"除了人性的缓慢变化以外，任何变化都是无益的"。这种理论是当时的主流文明观，[18] 但它无法解释，为什么一些群体难以进步（白芝浩曾经尝试解决这个问题），而另一些群体在实现了进步之后，却难以维持文明的水平——历史表明，文明一直像浪潮般起起落落。一个可能的解释是，每个国家或种族都储藏有一定的可消耗的能量，但随着能量的消耗，国家也会衰退。但是，乔治自认为他找到了更好的解释："让进步停滞不前的障碍，是在进步的过程中产生的；过去所有文明毁灭的原因，也是这些文明本身的进步产生的条件。"[19] 社会进步的主要条件是团结和平等，但社会也会滋生分裂和不平等，而现在，社会正在受到后者的威胁。那些破坏现有秩序的种子，可以在贫困中、在污秽的城市中找到。野蛮的群体在这些城市中交欢繁衍，可能会让城市不堪重负。文明面临选择：要么为新的飞跃做好准备，要么重回野蛮状态。[20]

_____

① 这两段译文引自亨利·乔治：《进步与贫困》，吴良健/王翼龙，译，北京：商务印书馆，1995年，第126—127页，第401页。

撰写《进步与贫困》时，乔治也了解了斯宾塞在《社会静力学》中反对土地私有制的论据，他希望借用这位大哲学家的权威，为自己的运动添柴加火。但是斯宾塞并没有理睬寄给他的《进步与贫困》，这或许也预示着，未来还有更大的失望。1882 年，乔治游览不列颠群岛，其间在作家 H. M. 海德门（H. M. Hyndman）的家里见到了斯宾塞。他们讨论到爱尔兰土地同盟（Irish Land League）的骚动①。这个运动收获了乔治的好感，但斯宾塞却直截了当地认为，土地同盟的暴动者被收监是罪有应得。听到这般见解，乔治对斯宾塞的印象发生了一百八十度的转变。10 年后，经过斯宾塞允许，《社会静力学》发表了缩减修订版，批评土地所有制的片段被从中删去。乔治终于向斯宾塞发起反击，发表了题为《议某位迷惘的哲学家》的长篇批评。虽然该文章的主要目的是质疑斯宾塞删减这些片段的不良动机，但是乔治也借机抨击了斯宾塞冷酷无情的政治哲学，例如在论文集《个体与国家》中体现的那样。乔治说，在这些论文中，"斯宾塞先生就像是会坚持下面这个观点的人：游泳过河时，每个人自顾自就好，不用管是不是有些人被赋予了软木，而有些人被人为地绑上铅块。"[21]

1888 年，贝拉米出版《回顾》一书，拉开了国家主义运动的帷幕②。该运动并未向土地问题开炮，而是将火力集中在竞争制和私有财产制的基础原则上。《回顾》的主角朱利安·韦斯特沉睡了许多年，在 2000 年的机械乌托邦中苏醒。醒来以后，韦斯特猜测"人性定然变了许多"，但他的主人利特医生却回复他说："完全没有。不过，人的生活条件变了，所以行为的动机也不同了。"[22]韦斯特逐渐了解了合作制

---

① 爱尔兰土地同盟，成立于 1879 年，旨在为租户农民争取土地权益，曾经组织抗议活动并导致暴乱，后来爱尔兰政府出台了《爱尔兰土地法》。

② 提倡工业国有化的政治改革运动，虽然不是社会主义运动，但是也具有乌托邦倾向。在《回顾》的影响下，至少上百个国家主义俱乐部在美国诞生，希望把《回顾》中描绘的财产平分、阶级消失的乌托邦转变为现实。

的裨益，这让他意识到，在他沉睡的这些年间，生活条件之所以改变，核心就是因为冲突被消除了。针对 19 世纪的人，利特医生抱怨道："自私是他们唯一的科学，而在工业生产中，自私就是自我灭亡。竞争，或者说自私的本能，是消耗力量的代名词，而联合是有效率生产的秘诀。"[23]

贝拉米提议国有化工业，"国家主义运动"由此诞生。该运动的《原则宣言》是这样开头的：

> 人类手足之情的原则，是支配着世界发展的永恒真理之一，这种发展让人性与野蛮的自然渐行渐远。
>
> 竞争的原则，不过是"最强者生存"和"最狡猾者生存"的野蛮法则。
>
> 因此，只要竞争仍然支配着我们的工业系统，个体便无法实现最高等的发展，人类也无法实现最高尚的目标。[24]

在波士顿的一场讲话中，贝拉米宣布："时至今日，对野蛮行径还能有的最后辩词，是声称它符合适者生存的道理。这种辩词当然也被人拿去利用，用来支持那个集结了所有野蛮行径的体制。"他继续说道，如果说最富裕的人的确是最好的，那么社会问题就不会存在，人们也会自愿承受条件的不平等。但是，竞争体制显然让最不适者生存了下来，这不是说富人比穷人差，而是说竞争体制会助长所有阶级中最差的品性。[25]

在国家主义写作中，对竞争和个人主义的类似抨击十分常见。[26] 沃德发表过一篇题为《社会经济学的心理学基础》的文章，在文中区分了动物经济和人类经济。读了这篇文章后，贝拉米向沃德致信，表达了热烈的赞同，提议为该文找到更广阔的发行渠道。之后，他将该文章的大部分内容发表在了他创立的第二份杂志《新国家》（*New Nation*）上，并向读者介绍道："向'最适者生存'这个反对国家主义的理论开火，此文将提供最上乘的弹药。"[27]

美国的社会主义作者也坚持不懈地进行分析论证，试图说明进化生物学无法证明竞争性个人主义的正当性。劳伦斯·格朗伦德（Laurence Gronlund）曾经一度亲近国家主义运动，后来为社会主义劳工党工作。他细致入微地区分合作的联邦中的良性竞争和资本主义的不良竞争。在《合作联邦概述》（1884）中，他利用斯宾塞的社会有机体概念，反驳了斯宾塞的个人主义。他指出，社会生活的有机特征便决定了对资源的集中和管理会日益增加。[28] 虽然格朗伦德的作品如今已被大众遗忘，但是它们曾经在对社会主义感兴趣的知识分子中被广泛传阅。他温和的笔调，理论权威的架势，还有时不时出现的宗教措辞，也深受读者喜欢。社会福音的"先知"们也从格朗伦德的文章里借鉴了许多思想。1890 年，格朗伦德发表了《我们的命运》，这本书的缩略版曾经刊登在贝拉米的《国家主义者》（Nationalist）期刊上。在书中，格朗伦德向斯宾塞及其拥护的竞争伦理展开了攻势。格朗伦德读过沃德的《动态社会学》，用的语言和沃德也有相似之处。他着重强调，和过去未经干预的自然进化相比，有意识的进化将会是完全不同的东西，人为干预必须在发展中起越来越重要的作用。此外，格朗伦德也熟悉马克思的作品。他断言，托拉斯的兴起在为社会主义的到来铺平道路，工业不断托拉斯化也证明联合优于竞争。虽然格朗伦德对斯宾塞社会理论的"宿命论"一向持批评态度，但是他呼吁读者，应该相信联合是社会进化"不可避免的"下一步，他们只有两个选择，要么选择垄断化的资本主义，要么选择集体化的社会制度。[29]

3

20 世纪初，正统的马克思社会主义者对达尔文主义并没有敌意。马克思本人相信"辩证"法则的普遍性，是和孔德与斯宾塞一样的一元论者。马克思在 1860 年阅读了《物种起源》后，先后向恩格斯和斐迪南·拉萨尔（Ferdinand Lassalle）写道："达尔文的书非常重要，为我提供了历史中阶级斗争的自然科学基础"。[30] 在德国的社会主义书店中，达尔文和马克思的作品被摆在了一起。在美国，社会主义知识分子在采纳科学界的最新进展上十分迅速。在芝加哥激进出版社克尔（Kerr）书局接连不断地印刷的绿皮小册子中，充满了来自达尔文、赫胥黎、斯宾塞和海克尔的引文。阿瑟·刘易斯（Arthur Lewis）在加里克剧院就科学和革命的关系举办讲座时，台下座无虚席，盛况空前。他的作品《社会进化和有机进化》（1908）一共发行了三版，还创造了美国本土社会主义作品的预售记录。[31] 社会主义知识分子对达尔文主义的关注，在《国际社会主义评论》（*International Socialist Review*）的早期卷本中也有所反映。杂志的内容暗示，在社会主义者眼中，"科学"个人主义足够流行，所以有必要对其进行反驳。其中，一名作者称"自然选择"是"个人主义的堡垒尚存的最后一道防线"。[32]

马克思在生存斗争中找到了阶级斗争的"基础"，而美国的社会主义者甚至在斯宾塞的作品中也为他们的事业找到了理论支撑和鼓舞。他们不仅认同社会有机体的概念，而且和格朗伦德一样对它加以利用：他们称赞了斯宾塞对英雄史观的批判，赞同他的不可知论，还感谢他说服了世界，让世界相信社会的机理和其他的有机生命机制一脉相通。[33] 当然，在他们看来，斯宾塞的个人主义和他的科学理论是矛盾的，于是他们试着强行分出了两个斯宾塞，一个是提出社会有机体的进化论者，另一个是写出《个体与国家》的个人主义者。[34]

社会主义者也积极拥抱达尔文之后生物学的新趋势，把它们当作证实自家理论的确凿证据。沃德和斯宾塞都认为，社会改革的工具是教育和对品性的逐步培养，但随着拉马克的后天遗传说被摒弃，沃德和斯宾塞的理论也被边缘化。但是，社会主义者还是要为重建经济环境提供证据，于是他们在驳倒了拉马克的魏斯曼理论中找到了新的曙光。刘易斯写道：

贫民窟的居民被迫忍受艰苦条件。如果说，由此产生的不利
后果，确实会遗传给下一代，并且在几代之后变成固定的品性，
那么社会主义者构建新社会的希望也会变得更加难以实现。在这
种情况下，无论在社会的集体行为作用下，环境发生多大变化，
这些不幸的生命在接下来的几代，仍然会保持原有的行为方式。
魏斯曼为我们做的贡献至少有以下这点：他用科学摧毁了那个
谎言。[35]

比魏斯曼的理论更符合社会主义者的口味的，是荷兰科学家雨
果·德弗里斯 (Hugo de Vries) 的《突变理论》。德弗里斯解决了自然选
择学说的一大难题：他指出了"跳跃"（sport），或者说"突变"，即有
机个体中突然发生的显著变异，在适应过程中发挥的作用。德弗里斯
为生物学提供了一种新的进化观，他提出的进化过程剧烈、迅猛，和
达尔文进化论中缓慢、连续、微小的变异形成了鲜明的反差。在社会
理论中，达尔文的观点曾经支持"渐进的必然性"的论点，这个论点
在斯宾塞和萨姆纳的保守主义中尤为突出。"半个世纪以来，"刘易斯
解释说，"这种缓慢进化的论点，一直被用来当作对抗社会主义的强大
武器，现在的统治阶级也希望它永远保持完好无损。"然而，突变论清
楚地表明，自然的规律是渐进的进化和"革命式的"跳跃交替存在。
移植到社会上，这便是马克思主义者提倡的对社会经济基础迅速而彻
底的重建。[36] 此外，刘易斯还大量引用了克鲁泡特金的《互助论》和
沃德的作品中的观点。[37]

虽然社会主义者善于借鉴和整合针对 19 世纪进化社会学的批评，
但反对者认为他们自身并未提出什么新的创见，其批判无论多么中
肯，也还是老调重弹，因为它们未能摆脱 19 世纪一元论的模型，这
种一元论不仅支配着斯宾塞，其实也影响了马克思。只有在生物学观
点似乎符合他们已有的社会观念时，社会主义者才愿意将社会学建立
在生物学的基础上。他们愿意用生存斗争支持阶级斗争，却不同意用

它支持个人主义竞争。当达尔文主义支持保守主义时，他们反对达尔文主义。但如果一门基于生物学的社会理论能与他们自己的理论系统相契合，构建这样的社会理论便是完全合理的。在这点上，最具有独立精神的社会主义作品，是威廉·英格利希·华林（William English Walling）发表于 1913 年的《社会主义的总体面貌》。和他的同好一样，华林也反对生物 – 社会思辨的保守主义结论，但他的论证方式独具一格：他以詹姆斯和约翰·杜威的人本主义为基础，试着将社会主义和实用主义哲学结合。他的目的，是建立基于实验的新方法，反对 19 世纪自然哲学家的绝对主义，以及一切基于他们的一元论假设的观点。

其他社会主义者只是指出，生物学在社会学上的保守主义应用是错的。华林的批评则更加彻底，他攻击了将社会理论基于生物学的常见做法。他不仅反对斯宾塞的"乐观宿命论"，反对用自然选择来论证竞争，还反对社会和有机体之间的类比。他认为，这种类比强调种族或国家，却忽视了个体，这不符合真正社会主义的人本主义目标。他呼吁，应用一种在本质上不同的方式构思社会进化的过程。他认为应该强调的，是人的创造能动性对环境的改变，而不是适应一个被视为固定不变的环境的被动过程。他做出结论：

> 我们主要关注的，不是自然界中的"物种起源"，而是物种在人类支配下的命运；不是自然的"创造式进化"，而是人类无限创造力导致的"创造性进化"。我们的事业和生命的进化无关，和生命对自然环境的适应无关，而和人的进化有关，和生命对人的目的之适应有关。控制我们周边的生命，没有控制我们自己的生命重要。同理，控制我们的生理进化，也没有控制我们的心理进化和社会进步重要。[38]

4

毋庸赘述，改革团体显然未能体会到梦想变成现实的喜悦。但是，他们向无限制的个人主义的理论前提发起了攻击，这番攻势确实取得了一定的成效。虽然没有出现乌托邦，但是至少出现了远离自由竞争制的趋势。斯宾塞－萨姆纳意识形态的物质基础正在发生改变，着眼社会而不是个人的观点群体也不断壮大。这并不是因为过去的个人主义论点得到了基本令人满意的回应，而是因为新一波群众情绪的浪潮席卷而来，这种情绪比任何一个社会理论家的巧妙辩论都要深刻得多。新的选手登台亮相，改变了辩论的焦点。

平民主义者、布莱恩派①、"扒粪者"②、进步主义者和新自由的支持者纷纷崛起，举起了改革的大旗，他们的影响力远远超过了社会主义者、单一税制支持者和好心的传教士。19 世纪相对无限制的资本主义开始向 20 世纪的福利资本主义转变，中产阶级的挫败感和穷苦人民的需求又加速了这个转变。[39] 人们感觉到，一种新的秩序正在慢慢浮现，它难以被描述，但在口号和文章标题中被以不同的措辞表达了出来：新国家主义、公平交易、新自由、新竞争、新民主，等等，最终，罗斯福新政登场。

先前的改革和抗议运动，都是工人和农民的起义，既没有连贯性，也缺少组织性。现在，中产阶级也加入了改革的阵营。中产阶级公民既是生产者，也是消费者，他们开始感受到垄断经济发展的后果，担心自己会被挤压在资本的大规模联合和劳工的大规模联合之间。中产阶级担心自己的地位不保，生活水准降低，于是资本主义企业家英雄式的伟大形象现在风光不再。他们被谴责为劳工的剥削者，被指责为掠夺消费者的强盗，被嘲讽为不公平竞争者，被曝光为政治贪污的制

---

① 总统大选中布莱恩的支持者。

② 美国 19 世纪末至 20 世纪初致力于深入报道、揭露黑幕的记者。

造者。在一个开始团结的社会，传统的对个体丰功伟绩的强调日渐式微。捍卫竞争、驳斥左翼批评者的老问题已经淡去，此时的人们必须面对"大的诅咒"，它对竞争构成了更迫在眉睫的威胁，而且这个威胁本身还是竞争的产物。在新一代抗议的第一篇重要文本《财富与国民的对立》中，亨利·劳埃德（Henry Lloyd）写道：

> 我们的工业是一场人人为己的战争。我们给最适者的奖励，是对生活必需品的垄断，我们还把决定生死的权力拱手让给了这些获胜者。打着"利己"的幌子，他们不仅夺走了我们的力量，还用这种力量支配我们的生死。……"任何人都没有希望，但是最弱者必须先行一步"，这是商业的黄金法则。但在人类交往的任何其他领域，这种行动法则都是不可能被接受的。如果一个人把"适者生存"理论用于他的家庭或者公民生活当中，就像它在商业中被接受和运用的那样，那么这个人就会变成一个魔鬼，很快便会被消灭。[40]

被推翻得最彻底的，是自由放任政策。虽然过去对竞争的神化已经不复存在，但是其实没有几个人完全丧失对竞争的信仰。中产阶级揭竿而起的主要目的之一，便是让竞争的商业环境尽可能地恢复最初的纯净。然而，正如沃德很久以前便预言过的，[41] 即使保留竞争假设中的好处，用某种形式的政府管控抑制垄断的必要性也已经变得显而易见。在一次演讲中，威尔逊回应了底层民众的不满，并说道：

> 美国的工业曾经是自由的，如今，自由却难以寻觅。只拥有少量资本的人发现入行变得困难，越来越不敢设想和大资本竞争。这是为什么？这是因为这个国家的法律没有禁止强者压垮弱者。[42]

小企业家及其同情者试图改变法律，支持 1904—1914 年出台的一系列政策，它们旨在将《谢尔曼法》付诸实践，抑制商业联合。沃尔特·韦尔（Walter Weyl）对转变中的个人主义视角进行了解释：

> 卑微的个人主义者认识到了自己的无力。他反对老大哥，可是他也意识到，自己连这种道德判断的依据也没有。他开始改变他的视角。他不再企求通过个人努力换取正义。他转向法律，转向政府，转向国家。[43]

无论是相信竞争在本质上就值得追求的威尔逊 – 布兰迪斯 – 拉福莱特阵营，还是相信集中化不可避免的罗斯福 – 克罗利 – 范海斯一派，都接受了国家干预的必要性。其中，法学家路易斯·布兰迪斯（Louis Brandeis）在 1912 年就政府问题做出了如下论述：

> 必须对竞争权加以限制，这样才能不让竞争消失。过度竞争导致垄断，就像过度自由导致绝对主义一样。
>
> 因此，问题便是受管控的竞争与受管控的垄断之间的对立。[44]

通过立法改变商业结构的尝试不断增加，涌现出了一大批旨在为工人阶级减轻负担的法律。不仅知识分子、人道主义者和社会工作者与劳工站在了一起，劳工也得到了中产阶级的支持，因为后者不希望看到工业压迫带来的左翼集体主义。各州的立法机构纷纷出台限制童工和女工的法律、劳工赔偿法和其他类似的改革手段。[45] 知识分子对工会的好感不断提升。后来担任美国最高法院助理法官的霍姆斯以严厉著称，在马萨诸塞州任职期间，霍姆斯也一改他对待进化论主义者的立场，在法律意见书中将罢工称为"无处不在的生存斗争的合法工具"。虽然他相信，劳工通过组织获取经济利益，这对缺少组织的劳工不公平，但是他认为，不应该因此就把组织的行为判定为非法的。各个阶级都必须得到公正的审判，这可以通过对普遍斗争的仲裁实现。[46]

所有改革者都一致同意，政府是改革重建必不可少的工具。在进步思想的重要代表作《美国生活的希望》中，克罗利发出了热切的呼吁。他呼吁美国人丢弃他们传统的"乐观、宿命论和保守主义的混合物"，采取更积极的实现国家潜力的手段，学习从目的而不是命运的角度进行思考，放下对国家集权的畏惧，通过国家层面的政策实现他们的目的。新国家资本主义的积极政府理念，也在他的同僚沃尔特·李普曼（Walter Lippmann）的笔下得到了表达：

> 不能再将生命视为施加于我们的东西了。我们必须有目的地对待它，设计它的社会组织，更改它的工具，构想它的方法，我们要教育它、控制它。在曾经被习俗支配的地方，我们有各种各样的方法施加自己的意图。我们打破常规，做出决定，确定目标，挑选工具。[47]

沃德预言过、萨姆纳坚决反对的管理型社会正在成为现实。斯宾塞晚年深受抑郁症折磨，其原因便也很好理解，幸亏他生前没有看到国家干预的成熟。虽然在19世纪20年代有所中断，但是社会团结的整体趋势不断加强，[48]斯宾塞拥趸的下一代见证了大型国家机器的诞生，其规模让它足以成为维多利亚时代个人主义者最恐惧的噩梦。[49]无论这种机器对于人类的潜力来说是好还是坏，团结的集中化社会理想都流行了起来，并逐渐取代个人主义鼎盛时期的那些追求。个人主义远没有消失，它日益陷入不得不为自己辩护的境地。正如一名新政领导者在斯宾塞去世30年后所说：

> 新时代的宗教基调、经济基调和科学基调，在于这样一种渐成气候的意识的形成：人类具有心灵和精神力量，具有控制自然的力量，这些力量十分强大，生存斗争的学说已经完全过时，已经被更高等的合作法则替代。[50]

Social Darwinism
in
American Thought

第七章

实用主义的浪潮

Passage 7

很久之后，除了代表詹姆斯的世界观，任何意义上的"实用主义"都会归于湮没（这种湮没也许是一件好事）。但是，詹姆斯的名字会存留下来，连同他的一些基本观念：宇宙是开放的，其中充满了自然化之后的不确定性、机会、假设、新经验和可能性。我们越是将詹姆斯置于其历史的语境下研究，他的观念就越显得原创而大胆。如果未来的某位历史学家偶然地将詹姆斯这个观念的产生与美国的拓荒（詹姆斯本人没参加）联系起来，我相信这位历史学家会看到，这个观点与时代性格的距离就像南极离北极那样遥远。那个时代的工作是获取，关注的是安全，它的信条则是：既有的经济制度是尤为"自然的"。因此，在原则上是不会改变的。①

——杜威

我认为，你的高瞻远瞩尚且还没有人理解……未来的哲学是实用主义哲学，我拿命发誓。

——詹姆斯致杜威

1

像斯宾塞的哲学统治了企业的英雄时代一样，实用主义在 19 世纪

---

① 杜威:《杜威全集·晚期著作·第三卷》，孙宁、余小明译，上海：华东师范大学出版社，2012 年，第 112 页。

头 20 年迅速崛起，成为美国哲学新的中流砥柱，承载起进步时代的精神。斯宾塞的观点，是他的时代的真挚表达，那是一个期盼通过自动发生的进步和自由放任主义获得拯救的时代。而当人们考虑到操纵和控制时，实用主义就被吸收到了民族文化中。过去的斯宾塞主义是不可避免性的哲学，现在实用主义则是可能性的哲学。

斯宾塞式的进化主义和实用主义在逻辑与历史的层面上都是相互对立的，这主要在于它们用不同的方式看待有机体和环境之间的关系。根据斯宾塞的假设，环境是固定不变的常态。对于那些对现状没有什么不满的人①，这个观点没有什么不好的地方。实用主义认为有机体的行动有更积极的作用，认为环境是可以操控的。实用主义反驳旧观点，是通过一种和环境有关的心灵观。

实用主义的诞生，不仅是为了反对斯宾塞进化主义，也是为了反对许多其他思潮。至少在诞生之初，它绝对不是一门以社会关照为主的哲学。冒着过度简化的风险，并且在承认了这种风险之后，我们有必要为了本书的目的简要探讨实用主义的两名代表人物，探讨他们和斯宾塞主义的关系，以及他们和实用主义扶摇直上时被挑战的主流社会观的关系。

斯宾塞的哲学刚开始在美国传播时，其他思潮也正风起云涌。在《综合哲学体系》完稿之前，一场黑格尔主义运动正在圣路易斯展开，实用主义的雏形也已经成熟。1867 年，威廉·哈里斯（William Harris）未能说服《北美评论》的编辑发表自己批评斯宾塞的文章，于是他自己创办了《思辨哲学杂志》（*Journal of Speculative Philosophy*）。哈里斯的黑格尔主义唯心论和圣路易斯学派②发展势头强劲，很快就成了斯宾塞主义和苏格兰学派的有力竞争者。虽然在哲学上，黑格尔和

---

① 维护现状被认为是保守主义者的普遍特征，在写作中也常用于委婉地指代保守主义者。
② 圣路易斯学派是 19 世纪后半期出现在美国的研究和翻译黑格尔著作、传播黑格尔学说的学派。

斯宾塞之间存在天壤之别，但是在美国通行的解读中，二者都具有社会保守主义倾向。[1]但实用主义却不然，它在这点上更复杂。实用主义在社会思想领域有着十分灵活的可能。

虽然实用主义者深受达尔文学说影响，但是他们很快便与主流进化思想彻底分道扬镳。这是因为，进化学说在和斯宾塞学说混为一谈后，膨胀成了一门宇宙论。而实用主义者则将哲学从对形而上学完美系统的建构，变成了对知识使用的实验研究。实用主义将观念作为有机体的工具来研究，在这层意义上，它是进化生物学在人类观念上的应用。实用主义主要采纳了达尔文的基本概念——有机体、环境、适应，并使用了自然主义的语言，它在思想和实际层面的关注都和斯宾塞主义十分不同。斯宾塞的进化，是一种神化了的非个人过程：境遇和环境是全能的，人无力加快或改变宇宙的进程，社会的发展是预先注定的，它沿着宇宙的进程，朝着遥远但安逸的极乐世界发展。斯宾塞将生命和心灵视为一种内在对外在的反映，因此基本上将生命和心灵描绘成了被动的工具，这个视角也对应着他在社会领域的渐进宿命论。[2]起初，实用主义对于社会后果没有特殊兴趣，只是从个人主义视角出发研究观念的使用，但它逐渐演变成了一门关注社会的哲学理论，即杜威的工具主义。实用主义的发展和传播，打破了斯宾塞对进化论解释的垄断，也展示出达尔文学说的巨大理论潜力，说明它的用途要比斯宾塞的追随者的想象更加丰富。实用主义者对整个社会思想最突出的贡献，是提出观念的效用和新经验的可能性——这个立场对于任何在哲学层面逻辑自洽的社会变革理论来说都必不可少。斯宾塞代表着决定论，代表着环境对人的控制；实用主义者则代表着自由，代表着人对环境的控制。

要想找到实用主义的源头，找到它对旧进化学说批评的开端，必须先将目光投向詹姆斯和杜威之前，聚焦在昌西·赖特和皮尔斯身上。赖特和皮尔斯更像技术型哲学家，但他们也批评了主流的社会思想，其中就包括斯宾塞的体系。他们的实验式批判被詹姆斯扩充成人本主义哲学，而与这些批判密切相关的哲学观，则被杜威发展成具有社会影响力的社会理论。

赖特是"形而上学俱乐部"的思想领袖。这个俱乐部由皮尔斯于1860年创立，参与者包括詹姆斯、费斯克、小霍姆斯和几名其他剑桥的知识分子。赖特哲学的精华，无疑是在俱乐部聚会的讨论中出现的。不过，作为《北美评论》和《国家》等杂志的批评家，他也撰写了不少面向公众的文章。詹姆斯和皮尔斯二人都深受他理性客观、经验主义的思维风格启发。[3]

赖特从自然主义视角对斯宾塞进行了深入批评，这在美国思想家中应该是第一位。他熟悉密尔的写作，反对将斯宾塞视为实证主义者，而斥为自称探讨终极真理的二流形而上学家，将其扣上了致力于毫无用途的误导性抽象原理的罪名。他在这篇批评文章中写道：

> 只有当抽象原理能够扩充我们关于自然的具体知识时，发展抽象原理才具有正当性。数学、力学和微积分所依据的观念、自然历史的形态学观念和化学理论，都属于这种有效用的观念——它们能够找到真理，而不是单纯地总结真理。[4]

斯宾塞认为，科学知识是最终定论；而赖特则相信，新经验在宇宙中是可能的。这个信念的基础，是对科学定律的归纳特征所做的严格解读。[5]一些可能出现的"偶然性"或新经验，例如自我意识的进化和声音在社会交流中的使用，无法根据已有知识预测。

皮尔斯比詹姆斯和莱特更偏爱系统的构建，但他的系统在倾向上是科学的。他的父亲本杰明·皮尔斯（Benjamin Peirce）是哈佛大学的知名数学家，而查尔斯·皮尔斯也凭借自己的努力，获得了杰出数学家、天文学家和大地测量学家的头衔。皮尔斯的主要兴趣是逻辑学，尤其是归纳问题。在皮尔斯看来，科学定律更多地表达概率，而不是永恒的关系，尤其是在事实必然"不规律地违背定律"的例子中。[6]他指出，任何完全严谨的进化论者，都必须将自然法则也看成进化的结果，因此把它们也看成有限的而不是绝对的。他指出，"在自然中，"存在"不确定性、自发性或绝对偶然的因素"。①⑦ 因此，他反对斯宾塞的做法，认为不应该从力学原理（力的恒久性）推出进化理论，而应该反过来，用进化理论解释力学原理是如何产生的。他进一步指出，斯宾塞的力的恒久性规律等同于这个命题："一切受力学原理支配的事件都是可逆的"，因此，这些法则无法解释持续的成长。8 皮尔斯对斯宾塞的严格批评先让詹姆斯放下了《综合哲学体系》，转向更加注重实验的进路。在 1878 年发表在《大众科学月刊》上的划时代文章《如何使我们的观念清楚明白》中，皮尔斯率先为概念的意义设立了实际层面的检验标准 ②，后被詹姆斯扩充为实用主义真理观。9

2

科学教育于 19 世纪 60 年代至 70 年代开始在美国兴起，而威

---

① a. 皮尔斯写这句话的目的，是通过反驳"宇宙中的每一个事实都由精确的法则决定"，说明宇宙中既存在规律（例如力学原理），也存在偶然（例如掷骰子和人的成长）。b. 关于"确定""自发"和"绝对偶然"：如果一切法则都是绝对的，法则便决定了宇宙中的每一个事件，那么一切便都是"确定"的。"自发的偶然"是皮尔斯引用的伊壁鸠鲁的表达方式。偶然的"绝对"，在于完全不被决定。c. 归纳是从已知的个体情况总结出普遍结论。如果科学法则是绝对的，那么普遍结论应该适用于所有个体情况，包括尚未发生的新情况（上一段中的新经验便是这个意思）。如果偶然存在，那么新经验便不一定符合先前总结的定律，因此科学定律不是 100% 确定的，只能表达概率。

② 皮尔斯认为观念的意义可以设计实验检验，并提出了"实用主义基本准则"："考虑一下你的概念的对象具有什么样的、可以想象的、具有实际意义的效果。那时，你关于这种效果的概念就是你关于这个对象的概念的全部。"《如何使我们的观念清楚明白》，涂纪亮：《皮尔斯文选》，北京：社会科学文献出版社，2006 年，第 11 页。

廉·詹姆斯是美国科学教育培养出的第一位思想巨匠。他在哈佛大学的劳伦斯科学学院接受过艾略特、阿加西和杰弗里斯·怀曼（Jeffries Wyman）的训练。让詹姆斯在同代人中大放异彩的，是他对科学方法的掌握、他浓厚的神秘主义色彩和他敏锐的道德及审美敏感性。或许部分源于他父亲的影响——老亨利·詹姆斯是一名史威登堡派基督徒，[10]个人因素、情感和性情在詹姆斯思想的形成中起了很大作用。在1869年至1870年间，他经历了严重的抑郁，几乎丧失了活下去的意志，但这让他构建出一个高度抽象化的解决方法，也让他形成了对意志自由的坚定信念。[11]他反对伴随他成长的一元论迷信[12]——这成了他思想的一大主旋律；也反对一切"整块宇宙"哲学①（block-universe），即任何已经全部完成且全部实现，所以没有给偶然性或选择留任何余地的系统。他对主流哲学——斯宾塞主义和黑格尔主义——的反抗，主要反抗的是因循守旧的哲学系统在道德和审美上的阴暗萧瑟。[13]这也是他提倡多元论的原因。"一门哲学若能使我们真正过的生活在感觉上是真实而且诚挚的，便是有功劳的，"他在《多元的宇宙》中写道，"多元论有驱魔的作用，它驱逐了绝对，从而驱逐了能给我们'家'的感觉的生活中，唯一能导致现实感丧失的东西，于是拯救了现实的本质，让它不至于彻底陷入陌生。"②[14]

詹姆斯的思想，通常被视为他对哈佛大学同事乔赛亚·罗伊斯（Josiah Royce）的绝对唯心主义的回应，这在詹姆斯晚期写作中尤为明显。不过，他思想的基本脉络，在认识罗伊斯之前就已经成形。当圣

---

① 在詹姆斯笔下，"整块宇宙"指一元论系统中，从部分到整体全都系统地预先决定好的宇宙。

② 詹姆斯在这段话中的意思是，一元论强调永恒不变的绝对法则，而时间对于永恒的东西没有意义，所以说永恒的东西没有历史。但给我们"家"的感觉的东西，都有自己的历史，也走入我们的历史。例如，我们体验到的目标、欲望、情感都不是绝对的，而是有历史的东西。在这个意义上，永恒的东西，也就是抽象思辨哲学的法则，让我们感到陌生，丧失现实感。

路易斯黑格尔学派开始宣传他们的信条时，这些趋势在詹姆斯的写作中就已然清晰可见。

詹姆斯最初的动机，在很大的程度上也是对斯宾塞的回应。斯宾塞哲学受到瞩目的年代，正是詹姆斯的学术成长岁月。他在 19 世纪 60 年代初阅读了《第一原理》，很快就加入了斯宾塞信徒的阵营。他对斯宾塞似乎实现了的思想革命是如此爱慕，以至于当皮尔斯当着他的面批评他的偶像时，詹姆斯感觉"精神受了伤"。[15] 但是，皮尔斯的论据最终占了上风。詹姆斯很快便开始批评斯宾塞本人，到 19 世纪 70 年代中期，他对斯宾塞笨重不堪的系统已经是轻蔑不已。虽然他在哈佛教书时用到了《心理学原理》，但那是为了鼓励学生批评斯宾塞的推理。几乎 30 年间，斯宾塞都在他的课上被当作反面教材鞭挞。[16]

詹姆斯认为，《第一原理》充满了逻辑混乱。他对斯宾塞观点的核心情感，从下列控诉中可见一斑：斯宾塞的思维是"如此致命地缺乏友善、幽默、形象和诗意；为生命绘制的全景图是如此露骨，如此机械化，如此了无生趣"。[17] 詹姆斯受不了斯宾塞"可怕的单调"，"在他的心灵中找不到朦胧的地带，找不到梦境和被动接受的能力。它的各个部分都在正午的日光下暴晒，像干枯的荒漠一样，每一粒沙子都单独暴露出来，没有神秘，没有阴影"。[18] 在《实用主义》中，他一度停顿下来，抱怨起斯宾塞"枯燥无味的教师脾气……喜欢用主观臆造的例子充当论据，甚至在力学原理方面，也没有受过多少教育；他的基本观念基本上都是模糊不清的，他的系统十分呆板，像是钉在一起的破碎硬松木板"。[19] 詹姆斯在《第一原理》的空白处写下了"荒谬""三重愚蠢""去他的形而上学"和"一无是处的学术牢骚"等评语。他嘲讽了斯宾塞的根本原理的空洞，称他对力的恒久性法则的应用是"含糊其词的代表"。他还举了一系列荒唐的例子，来戏谑斯宾塞的运动节奏理论，例如上下楼的人、间歇性发烧、摇篮和摇椅。斯宾塞对进化的定义也被詹姆斯改造了一番："进化是通过'黏在一起化'和'其他东西化'，从一种不知道怎么就不行的、无法谈论的'什么都一样'，到一种不知道怎么就行了的、可以谈论的、普遍的'不都一样'的变化过程。"[20]

詹姆斯之所以否定斯宾塞，部分原因似乎很明确——他寻求的是一种相信人类的积极努力能够改善生命的哲学。在《实用主义》中，詹姆斯以"最终实用结果的黯淡凄惨"[21]为由，否定了斯宾塞那种完成的、决定论的哲学。在他那本写满字迹的《第一哲学》的最后一页，詹姆斯写道："生活训练我们，是让我们为了追求更高的目标而奋斗。如果有一门哲学，接受它意味着也要接受这个事实，即更高的追求会失败，那么反对这种哲学有什么错？"[22]詹姆斯的哲学进路具有代表性的一个方面，是他对恶的问题的持续关注，这种关注在他对罗伊斯的回应中跃然纸上。他想要反对一切否认恶的存在、低估恶的实际后果的哲学，这在他对绝对主义的抨击中也可见一斑。针对哲学家对社会中丑恶的忽视，他引用并褒扬了无政府主义作家莫里森·斯威夫特（Morrison Swift）的控诉。[23]在《决定论的两难》一文中，詹姆斯探讨了如何证实道德判断的问题。皮尔斯在逻辑领域关注的"偶然"概念，在詹姆斯的道德思考中起到了重要的作用。詹姆斯指出，根据决定论，首先，无法实现的可能性根本就不是可能性，而是幻觉。其次，未来没有任何东西不是预先决定的，因此人的意志也是预先决定的。然而，如果一切都是决定的，如果偶然不存在，那么道德判断在实用层面就没有意义。

　　说这件事不好——假设这个说法有任何意义——意味着这件事是不应该的，另一件事是应该的，后者应该取代前者。但决定论否定任何"另一件事"，它基本上将宇宙定义为了这样一个地方，在这个地方，"应该的"是不可能的。换言之，它将宇宙定义为这样一种有机体，这种有机体的构造有无法治愈的污点、无法挽救的缺陷。[24]

　　能和决定论相容的，只有最凄惨的悲观主义和听天由命的浪漫主义情绪。道德判断若要有效力，宇宙中就不能一点不确定性都没有。这并不需要世界是完全偶然的，只需要有时出现一些选择就可以。即便是像斯宾塞那般梦想着乐观的宇宙宿命论的人——说它"乐观"，是因为斯宾塞相信极乐世界最终会降临——也无法否认选择的必要性。即使像斯宾塞说的那样，如果一种偏好想要成功，那么它必须与和平、正义和关怀的终极胜利相融洽，"我们仍然有能力和自由决定，什么时候让公正与太平降临"，除非极乐世界的样子已经以确定的方式揭示了，否则我们都可以自由尝试自己的偏好。[25]

　　1878年，《思辨哲学杂志》发表了詹姆斯题为《评斯宾塞将心灵定义为相关性》的文章，在这篇文章中，詹姆斯后期思想的主要脉络已经清晰可辨。文章还表明，有关达尔文主义对于心理学的意义，詹姆斯的解读比斯宾塞要更加动态。斯宾塞用"调整"定义心灵，这便遗漏了大部分通常被视为心灵生活的内容。斯宾塞将生命也定义为"调整"，这种调整在于内部关系对外部关系的适应，他还认为心灵和认知都受这种调整支配。根据詹姆斯的看法，斯宾塞遗漏了心灵中一切除认知外的成分，遗漏了一切情感和情绪。他忽视或完全忽略了有机体的兴趣①，而兴趣在认知过程中扮演着至关重要的角色。斯宾塞将有智力的心理反应定义为有助于生存的、以适应环境为目的、对内部关系进行的调整，但是他遗漏了认知的关键主观因素——生存或幸福的欲望。内在关系和外在关系的对应，必须加上某种主观或目的论的因素，才能成为定义心理活动的标准。此外，如果认为心灵的唯一价值就是服务生存的观点，就无法解释在生存层面没有价值的高级文化活动。詹姆斯得出了结论：

----

① 兴趣，英文为 interest。这个词既有个人偏好的意思，也有利益、利害的意思，在这里它泛指促使个体做出选择、行动的动机。

　　认知者不是一面没有现实基础的虚缈之镜，被动地反映他遇到的东西。认知者是行动的主体，他一边参与真理的创造，一边记录他帮助创造的真理。心灵中的兴趣、假设、公理等，作为人类行动的基础，在很大的程度上可以改变世界的行动，也有助于把它们所表述的真理变成现实。换言之，自打心灵诞生，它就拥有自发性，拥有选票。它参与游戏，而不是单纯旁观；它关于"应该是什么样"（即它的理想）的判断不能脱离认知对象，好像它们是应该摆脱的累赘，或者是单纯服务于生存的手段。[26]

　　在 1890 年的《心理学原理》中，詹姆斯继续发展了这个观点。他与将心灵视为被动认知器官的传统观念彻底决裂，批评了达尔文后的心理学，认为它忽视了心灵的积极功能。[27]他指出，心理学好像习惯性地认为，拥有大脑的身体本身就拥有某些兴趣，而身体的生存也被视为绝对目的，这完全没有考虑到智力的统筹能力。在这种纯粹生理的层面上，有机体的反应不能被视为有益或有害的；唯一能做的断言是一种假设：有机体做出了某些反应，而这些反应恰好能让它们生存下来。

　　但是，一旦我们开始思考真实的意识，此时生存就不仅是个假设。它不是"如果要生存，那么大脑和其他器官应该这么或那么工作"。此时的生存已经是一个强制性的命令："必须生存，因此器官必须这么工作！"这是真实的目的在世间登场的时刻。……每个真实存在的意识，在自己看来，都是在为了目的而奋斗，假如意识不存在，这些目的中有许多根本无法存在。意识的认知能力，主要就是服务这些目的，用来辨别哪些事实有利于其目的，哪些不利于其目的。[28]

詹姆斯的实用主义（从皮尔斯那里借来也受到皮尔斯赞允的）学

说，或者更准确地说方法，正是把这种理解认知能力迁移到了知识的检验上。在詹姆斯相信的未完成的宇宙中，理论是实验工具而不是答案，真理性"发生于观念之上"，[29] 可以由认识者制造。

1880 年，詹姆斯罕见地涉足社会理论领域，在《大西洋月刊》上发表了题为《伟人、伟大思想及环境》[30] 的文章。以斯宾塞及其拥趸为靶，詹姆斯问道：社群在代与代之间发生改变，原因是什么？和白芝浩一样（詹姆斯十分欣赏他的《物理与政治》），詹姆斯相信，改变的原因是不同寻常或出类拔萃的个人带来的创新。他们在社会变化中的作用，与变异在达尔文进化论中的作用一样。这类人被社会选择，升至重要的地位，因为他们能够适应并非由他们选择，而是他们恰巧出生其中的社会环境。然而，斯宾塞一派却把社会变化归结于地理、环境等外界条件，这些都是处在人类控制范围以外的东西。他们假设了一个宇宙因果之网，认为人类有限的理解能力被无可救药地捆绑在这个网中。在《社会学研究》中，斯宾塞将一切都归因于先决条件。如果不断向前推，那么这个归因的过程最后会陷入死循环，它对社会的研究没有任何价值，除了肯定外在条件的全知全能，这就像东方人用"神很伟大"回答一切问题一样。这种进化哲学无法解释伟人改变社会发展进程的明显事实。他们事业中的重要细节，是无法用斯宾塞笼统而复杂的"环境"概念预测或解释的。没有任何社会因素的集合要求莎士比亚必须于 1564 年在埃文河畔斯特拉特福出生。社会学最多能做出的预测是，如果具有某种天性的伟人在某些情况下出生，那么他将以某种方式影响社会；绝不能否认的是，他确实可以影响社会。伟人本身，也是所有人的环境的一部分。斯宾塞的非人化历史观是一种东方宿命论，是"一门形而上学信仰，仅此而已。它是一种沉思的情绪，一种情感态度，而不是思想体系"；它忽略了人类思想中的自发变异以及它们对社会的影响，是"达尔文思想的倒退"，已经"完全不合时宜"。[31]

在这篇文章中，詹姆斯似乎是在追求个人主义的极致，但是，如果把它置于他的整体思想框架下，便不难看出詹姆斯的主要目的。他是希望从斯宾塞式社会进化的压抑因果网络中，拯救自发性和不确定性。如果没有自发性，如果个人丝毫没有改变历史的可能性，就不会发生任何形式的改善。于是，整个"斗争"的情怀，带着它成败未知的不确定性，便也失去了任何意义。在接下来的一篇文章中，詹姆斯写道："人类事务中有一个不安全的地带，所有最令人心潮澎湃的兴趣都聚集在那里，剩下的都属于毫无生气的机器舞台。"如果生活没有了最令人心潮澎湃的兴趣，如果它们被宇宙因果之网禁锢，光是这个想法就让人难以忍受，这是"最阴险、最不道德的宿命论"。[32]

　　和他的实用主义继任者杜威不同，詹姆斯对系统性或集体性的社会变革兴趣微乎其微。虽然他也会时不时地关注时事——他当过反帝国主义者、德雷福斯支持者和骑墙派——但他对社会理论并没有持久的兴趣。他有根深蒂固的个人主义倾向[33]，总是从个体的角度探讨哲学问题。例如，当他想要阐明恶的问题时，他用极其残忍的谋杀做例子，而不是战争或者贫民窟。[34] 虽然他对温和的改革有些兴趣，但他是在《国家》①体现的那种自由主义下成长起来的，他自己承认，他的"全部政治教育"都来自《国家》杂志，[35] 他视戈德金为政治智慧的源泉[36]。他也认为，斯宾塞的政治和伦理理论虽然"语调生硬死板"，但是比他的抽象哲学不知高明多少倍。[37] 他认为，斯宾塞既想忠于英国古老的个人自由传统，就像《社会静力学》体现的那样，又想忠于普遍进化的理论，但进化的过程往往对个人利益造成严重打击，于是斯宾塞自相矛盾了。[38] 他也从来没有发展出在戈德金那种老派自由主义者身上常见的严厉作风。劳工运动并不让他感到惶恐，即便是在 1886

────────────

① 戈德金在 1865 年创办的刊物。其创始章程表示将不为任何政党、宗教或团体代言，而是真诚讨论政治和社会问题，追求批判精神，反对当时大多数政治写作中出现的暴力、夸张和扭曲。《国家》有精英主义倾向，在经济上，《国家》体现的是曼彻斯特自由主义。

年工会运动白热化的日子里①，他还给弟弟亨利写道，劳工带来的麻烦是"进化完全健康的一个阶段，虽然有一点代价，但这是正常的，而且它最后必定对所有人都大有裨益"；但干草市场暴乱显然不在此列，它们是"一群病态的德国人和波兰人搞的事"。[39]

到了詹姆斯的晚年，社会批判之风已在美国吹了有一段时间，詹姆斯已经开始用赞同的眼光看待集体主义的崛起，也找到了方法来调和集体主义和他对个人行动标志性的强调。在阅读了 G. 洛斯·狄金森（G. Lowes Dickinson）的《公正与自由》之后，他在 1908 年给亨利写道："天才之笔，笔笔都是致命的打击。75 年前被奉为圭臬的竞争制，似乎在打击下走向灭亡。接替它的东西会更好，但我从未如此清楚地看到，在多个个体累积的影响下，主流理想如何慢慢发生改变。"[40] 到 1910 年，他公开表达了自己对"和平的统治和某种社会主义平衡状态的逐渐到来"的信心。[41] 要知道，在十几年前的一堂课上，他还在用自己更典型的风格，就集体主义对人的生活的影响，进行非常审慎的评估：

> 无疑，社会必须朝着某种更新也更好的平衡发展，财富分配的现实也必须慢慢发生改变。这些变化过去一直都有，将来也会一直存在。但是，如果你们听完我所讲的之后，仍然相信这些变化能为我们后代的生活带来真正的质的改变，那么你们就完全误解了我说的一切。生活的真正意义是永恒的。它在于一种联结，其一方面是某种不寻常的理想，它可以十分特殊；另一方面是某种忠诚、勇敢和忍耐的结合，也就是说它会带来一定的痛苦。无论将来生活会变成什么样子，都不会改变这种联结的可能性。[42]

----

① 1886 年，劳工骑士团发起大型罢工，共有 20 多万人参与。

3

　　"一个真正的学派，真正的思想。而且还是重要的思想！"[43]这是詹姆斯对20世纪初芝加哥大学以约翰·杜威为核心的哲学家和教育者团体的评价。杜威对詹姆斯的感激，加上詹姆斯对杜威的认可，标志着实用主义学派在两人之间的根本连续性。杜威第一次读詹姆斯的《心理学原理》时，仍处于乔治·西尔维斯特·莫里斯（George Sylvester Morris）的黑格尔主义影响下。莫里斯是杜威在约翰·霍普金斯大学的博士生导师，后来杜威在密歇根大学开始他的教学生涯时，二人还成了同事。但是，詹姆斯的心理学改变了杜威思想的整个走向，詹姆斯对心灵生活的研究也是杜威哲学的重要源泉。[44]和詹姆斯一样，杜威也宣扬智慧作为改变世界的工具的作用。但是，他为这个哲学论点新添了两个方面：对于它的社会意义的强调和哲学家迫切的社会责任感。他的工具主义强调智慧的创造特征，也与社会理论中的实验主义相关联①——这和杜威在1882年刚抵达巴尔的摩读博时无所不在的保守主义形成了鲜明的对比。[45]

　　杜威提出了思考行动理论，它超越了达尔文主义的简单延伸，具有生物学导向。[46]思维不是一连串"嵌入"自然场景中的超验状态或活动。这种旁观者知识论②属于达尔文之前的时代。知识是自然的一部分，它的目的不是被动的调整，而是操纵环境，以提供"圆满的"满

---

① 当杜威"强调实验和探究的方法在其哲学中的重要意义时，称其哲学为实验主义，当他谈到思想、观念的真理性在于它们能充当引起人们的行动的工具时，称其哲学为工具主义"。杜威：《杜威全集·索引卷》，中文版序，第3页。

② 在杜威看来，"旁观者知识论"是传统认识论的最大缺陷，可以用前文中詹姆斯关于镜子的类比贴切形容（把认知者视为被动的镜子，静止地反射着遇到的东西）。

足感①。观念是行动的蓝图，根植在有机体的自然冲动和反应中。[47]"生物学观点说服我们，心灵，无论它能有什么其他理解，至少是一种用于控制环境的器官，而且这种控制与生命的各种目的相关。"[48] 杜威还将他的心理活动观用于对保守观点的整体批评，他在 1917 年写道：

> 在教育、宗教、政治、实业和家庭生活的各个领域中，保守分子最终的避难所在于存在一个所谓的固定的心灵结构这个观点。只要心灵被当作一种现在的、现成的东西，制度和习惯就可以被当作其产物。②[49]

杜威相信智慧有许多潜能，这和他的另一个信念密切相关，即智慧是在一系列客观上"不确定"的情境中发挥效力的。正是因为情境的不确定性，因为自然界中存在偶然性，让人类具有辨别力的智力才有特殊的意义。道德与政治，宗教与科学，它们的"来源和意义都来自大自然中'固定的'和'不固定的'之混合，'稳定的'和'动荡的'之混合"。没有这种混合，就不可能有所谓的"目的"，无论是作为圆满行为的目的，还是一般意义上的目的，此时，就"只有一个整块的宇宙，要么它已经完成，不再允许任何变化，要么一切事件的进展都是事先预定好的。因为没有失败的风险，所以也就没有真正地实现；因为没有成功的许诺，所以也不存在所谓的失败"。[50] 虽然看上去

---

① 考虑生物的某种官能，它首先为实际需求服务，例如吃是为了缓解饥饿；但到了最终阶段时，就从工具性的变成了"圆满的"，"达到了欣赏、专注、赞美、钟爱等状态"（杜威：《杜威全集·中期著作·第十三卷》，赵协真译，导言，第 10 页）。杜威在 1934 年的《有一个经验》中将这种达到圆满的特殊的经验称为"一个经验"。根据坎贝尔的解释，这种经验在实现圆满的过程中，是在朝着某种目的的"积累意义"，这种意义可以和"教育、工作和政治"中的目标相关（坎贝尔：《理解杜威》，杨柳新译，北京：北京大学出版社，2009 年，第 70 页）。

② 杜威：《杜威全集·中期著作·第十卷》，王成兵、林建武译，第 60 页。

和詹姆斯的观点有相似之处，但是这种观点可能和皮尔斯以及莱特的早期观点更接近，因为杜威完全没有詹姆斯那种对意志自由的肯定。[51]

在 1920 年《哲学的改造》中，杜威强调哲学应该注重实践，并做出了有力的论证。他呼吁哲学家远离无用的认识论和形而上学，关注政治、教育和道德，这是杜威在此话题上最重要的表态，虽然这本著作的主旨其实是对思想与行动的分离进行敏锐的历史分析。其实，对社会的关注一直都深扎在杜威的学术生涯里。10 年前，他便预言，哲学未来的功能之一便是进行"道德和政治的诊断及预后"，早在 1897年，他便已经表述过他看待知识问题所用的社会视角。[52]

杜威很早就熟悉孔德的作品，从那时起，社会哲学便在他心中占据了显著的地位。[53] 1894 年，他发表了对沃德的《文明的心理因素》和颉德的《社会进化论》的书评，这篇文章可以让读者看到杜威的思想和生物社会学的问题之间的关系。沃德使用了一个心灵活动的理论，来试着推翻社会学中的机械达尔文主义，这是杜威赞同的。但是，在詹姆斯心理学的影响下，杜威批评了沃德对这个领域中陈旧腐朽理论的忠诚，并指出，相对沃德的社会理论，他的心理学理论是一个不够格的工具。杜威指出，沃德的心灵活动理论，在他的社会学中扮演着关键角色，然而，他却选择了过时的愉悦－痛苦心理学，后者比洛克的感觉论高级不了多少。沃德心理学中行动的来源，是被动地体验到的愉悦或痛苦等感觉。杜威认为，沃德的心理学更好的根基，应该是冲动这个基本事实，也就是有机体的积极动机，它可以成为"恰好能稳固支撑他的主要论点的事实"。杜威对沃德心理学的批评，和詹姆斯在 16 年前对斯宾塞的批评如出一辙，只是范围更加宽泛。杜威同意沃德对自由放任的批评，和沃德一样，他也认为"社会的生物学理论需要重建，而且要从智力、情感和冲动等意义的角度进行重建"。他和沃德的区别不在于目的，而在于手段。

杜威对颉德的批评要更为深入彻底。虽然他认为，彻底铲除社会中的冲突是"没有希望、自我矛盾的追求"，但是他仍然相信通过引导斗争来消除浪费的可能性。杜威论证道，颉德所相信的，为了促成进步的条件而持续牺牲个体的观念，是混淆了目的和手段，是无望的本末倒置。在颉德的构想中，个体永远为了后代的福祉牺牲自己，但因为后代中的个体也这么做，所以这个过程永远达不到让人类满足的圆满境界。人总是为了一个目的而自我牺牲，可是这个目的从本质上就是永远无法达到的。[54] 这便是杜威针对进步哲学的归谬法。

杜威对自由放任持怀疑态度，这是他的实验主义的逻辑后果。斯宾塞认为，干预社会事务会妨碍人们对它们的认识；杜威则持相反意见，他认为直接参与是取得真正理解的必要条件。[55] 国家的职能不是通过提出普遍命题界定的，必须通过实验确定它们的范围。[56] 现实政策对自由放任的反对得到了杜威的好感。但是，没有自洽的替代理论，以及基于"必须做点什么"的模糊信念而行动的普遍倾向，也让他深感遗憾。[57] 和沃德的早期提议类似，杜威也强调教育在社会变革中的作用，部分原因是一种需要提供指引的感觉。[58]

杜威进行伦理思辨的目的，是为因为道德和科学的目标相互冲突而产生的道德困惑寻找秩序。尤其值得一提的是，正是这个问题带来的疑惑引导他提出了工具主义。[59] 在一篇 1898 年发表在《一元论者》（*Monist*）期刊上，仍带着黑格尔的烙印的早期文章中，他反对了赫胥黎对宇宙过程和伦理过程所做的区分。虽然他反对赫胥黎的两分法，但是他并不怀疑赫胥黎指出的伦理过程和园艺过程的相似性。"伦理过程，像园丁的工作一样，是持久的斗争过程。我们永远不能撒手不管，让一切顺其自然，否则，结果就是退步。"但这样一来，伦理过程和宇宙过程显然就成了相互对立的，然而我们认为进化过程是普遍的，如何解决这种矛盾呢？杜威认为，赫胥黎没有意识到，所谓冲突，不是人与整个自然环境的斗争，而是人利用他与环境中的某些部分的关系，改变环境的其他部分。在人的事务中，没有任何东西是他的环境中从未出现过的。园丁可以在一片土地上引进新的果蔬品种，他可以引入这片特定土地不常见的光照和水分条件，帮助果蔬生长，但是，"这些条件也属于自然作为一个整体的自身规律"。

赫胥黎承认，"现有条件中的最适者生存"不同于"道德最高尚的人生存"。但是，难道"条件"不应该被理解为包含"现有社会结构以及它的一切习惯、要求和理想"的复杂整体吗？按照这种理解，最适者确实就是最好的人，而不适者则基本上等同于反社会者，而不是身体羸弱或经济上依靠他人的人。如果用整个环境衡量，那么经济上依靠他人的人也可以是"适者"[①]。人类正是因为依赖他人的阶段较长（费斯克的婴儿理论），才发展出了预测和计划的能力，以及社会团结的纽带。因为我们照顾患者，所以学会了如何保护健康的人。掠食动物中的适者不是人类的适者。人类生活的环境是变化、进步的环境，所以人类的适应性在于灵活性，也就是根据现在和将来的条件进行调整的能力。随着"环境"的含义发生改变，"生存斗争"的含义也会发生改变。自我肯定的生物性驱动既有善的潜能，也有恶的潜能。人类问题的关键，在于受控制的前瞻力，也就是既保存过去的制度，也改变它们以适应新的条件的能力。总之，就是维持过去的习惯和未来的目标之间的平衡。再说"选择"一词，它不仅可以指一种生命形式或有机体被选择，是以另一种的淘汰为代价；它也可以指各种不同的行动和反应模式，因为比其他模式优越，所以被有机体和社会选择。社会通过自己的机制、公众观念和教育，来选择最适合它的模式。因此，伦理过程和宇宙过程之间没有分界线。而问题之所以会产生，是因为生物官能被刻板地解读，而且被脱离了背景地应用到充满独特的、动态的条件的人类环境中。若要寻找伦理过程的源头，无须走到大自然之外，只需要正确认识自然的完整面貌。[60]

1908年，杜威和曾经的同事詹姆斯·H.塔夫茨（James H. Tufts）

[①] 杜威的解释："很明显，在这里，婴幼儿是'适者'，不仅从伦理上而且从继续推动进化进程角度上来讲都是如此。"杜威：《杜威全集·早期著作·第五卷》，杨小微、罗德红等译，第40页。

出版了他们合著的伦理学教科书，它的内容和过去教科书的抽象说教
迥然不同。书中对伦理准则的探讨紧贴当时的社会问题，例如个人主
义和社会主义的对立、商业和管控的问题、劳工关系和家庭的问题。
在杜威撰写的部分中，有一小段尖锐地批评了对达尔文学说的粗暴伦
理学解读，针对竞争的"自然"性的观点，他采取了和克鲁泡特金相
似的立场。[①][61]

　　实用主义的历史地位，最好理解为正在走向成熟的社会批判的一
部分，这也符合杜威自己对实用主义在美国文化中的位置的理解。杜
威曾经再三强调，虽然实用主义对詹姆斯所称的观念的"兑现价值"[②]
感兴趣，但它不是美国重商主义在知识领域的反映，也不是对商业文
化贪婪精神的低劣赞歌。他提醒自己的批评者，詹姆斯坚决反对美国
对"成功这狡猾的女神"[62]的过度崇拜。杜威的工具主义反对一切绝
对化的社会理论，无论是保守的还是激进的。从进步时代到罗斯福新
政的时期，工具主义的社会内容发生了不小的变化。但在工具主义的
历史中，最重要的是它与社会意识的联系，以及它适应变化的能力。

　　社会关照贯穿着杜威的思想，这和詹姆斯的个人主义截然不同。
这也体现出一种大体一致的哲学立场在不同时代的不同潜能。两人的
不同之处源自个人经历。詹姆斯出生在继承了财产的富足之家，这给
了他社会地位和在哈佛接受教育的机会，也允许他云游四方，并在没
有经济压力的环境中慢慢成熟。杜威出生在佛蒙特州的伯灵顿，他是
一名做小本生意的商人的儿子，生下来就注定要自食其力。个人经历
以外，工具主义逐渐发展出对社会的强调，这背后还有着更深远的意
义。杜威出生在《物种起源》出版后的第二年，一生中比詹姆斯多见
证了两代人的成长，也见证了社会批判理论在学术圈得到尊重。此

——————————

① 杜威在这篇文章中说："个人主义体系下的自由竞争制倾向于自我毁灭。"

② 詹姆斯强调观念的实际价值，即是否可以被实际利用，如果能够利用，
　就相当于"兑现"它。

外，杜威的思想发展和传播的时期，恰好是进步时代的开端，是詹姆斯已经认为竞争制"正在致命打击下走向灭亡"的时期。不难看出，杜威对知识、实验、行动和控制的信仰，是进步时代对民主和政治行动的信仰所对应的抽象哲学。杜威对社会理论中实验进路的强调，不仅和克罗利的呼吁不谋而合——他建议美国人从目的而不是不可避免的命运的角度思考问题，也和李普曼的断言有异曲同工之妙——他宣布"不能再将生命视为强加到我们身上的东西了"。如果智慧和教育的确能在社会变革中起到杜威所相信的功效，那么他的哲学就远远不是美国思想转变的被动反照。一名颇受尊崇的哲学家，整天忙于第三党派①、改革组织和工会的运动，这幅景象多少可以带领我们想象，从费斯克和尤曼斯向着迷的受众激情四射地介绍斯宾塞以来，美国智识界舞台上那些风起云涌的变化。

---

① 指美国执政党共和党和民主党以外的党派。

Social Darwinism
in
American Thought

第八章

进步时代的其他社会理论

Passage 8

基督教对人类的偏爱由来已久，它根植在基督教兄弟情谊原则中。除非回到一个被金钱竞赛和地位比拼支配的文化，我们可以逻辑地推断，基督教伦理将会继续压制竞争性商业的道德。

——托斯丹·凡勃伦

生存斗争已经成为生活的一种剪影，通过大量引人入胜的介绍和讲解，它得到了广泛的关注，被许多人视为统治宇宙的真理。在它现在所处的重要地位上，曾经有过许多前任，也毫无疑问会有许多后任。

——查尔斯·库利（Charles Cooley）

1

进化论对心理学、民族学、社会学和伦理学都产生了深刻的影响。但在经济学领域，它却未能激起类似的变革。在能被视为经济学家的人中，萨姆纳大概是唯一对进化论和政治经济学的传统概念进行比对的人。在 19 世纪 70 至 80 年代，当萨姆纳正在构思他的社会哲学基础时，大多数其他经济学家在思想上都比他传统得多。

关于传统政治经济学为什么惰于改变，最合乎情理的解释是，在它的代表人物眼中，生物学给他们的学科带来不了什么新东西，他们也满足于这个状况。无论是在美国大学的课堂中，还是在公众意见平台上，政治经济学公认的角色都是辩护性的，它是对经济过程的理想化解读，这些过程属于竞争制，竞争制则基于财产和个体的商业行为；不应该违反这些规律，否则便违反了自然法则。在美国经济学会成立之前，弗朗西斯·沃尔克（Francis Walker）曾经对自由放任法则做出这样的评论："在这里，它不被用来判断一个人是否属于正统经济学派，而是被用来判断一个人能否算是经济学家。"[1]

当时的正统经济学家普遍不接受萨姆纳推崇的社会达尔文主义，虽然它明显和他们的经济学的功能不谋而合。一部分原因是，进化论和宗教信仰的关系在当时仍然是一个悬而未决的问题。而更重要的原因，是古典经济学家已经有了他们自己的社会选择理论。将斯宾塞、达尔文和华莱士引向他们的社会理论的人，正是古典经济学集大成者之一。所以，当经济学家声称，生物学不过是泛化了经济学家已经掌握了很久的真理时，也算得上是言之有据。

自然选择和古典经济学确实存在相似之处。[2]这向经济学家表明，对于古典经济理论，达尔文主义不过是一个新来的词，无法带来实质性的贡献。这两门学说都假设，动物在本质上就是追求私利的，只不过同样的动物在古典经济学中追求享乐，在达尔文学说中则追求生存。两门学说也都认为，在追求享乐或追随生存冲动的过程中，竞争是常态；能够繁荣发展或生存下来的，都是"最适者"。此外，"最适者"通常是一个褒义词，它要么是最适应环境的有机体，要么是效率最高、最经济的生产者和最温良节俭的工人。但在这里，应该补充一点：经济学更适合对现状做友善的解读，因为它接受现有的环境，把它视为自然事实；而在达尔文主义者中，更正直、更有洞察力的人则意识到，"最适者"适应的环境也可以被理解为差劲、有辱人格的。凡勃伦在1900年观察到："将常态的范畴等价于正确的范畴，这是斯宾塞先生的伦理学和社会哲学的主要论调，之后的古典主义经济学家往往都是斯宾塞主义者。"[3]此外，古典经济学和自然选择都是自然法则的学说。在这点上，古典经济学界在思想上也更偏向稳定，它的均衡概念来自牛顿，是一个静态的概念，[4]而动态的社会理论则让不固定的世界成为可能。

人口压力对存活造成威胁的观念，在生物学和政治经济学的历史联姻中起到了举足轻重的作用，这个观念不仅在马尔萨斯的人口理论中占有一席之地，也和古典工资基金说关系密切。在美国，工资基金说十分受极端自由放任主义者的欢迎。[5]根据这个理论，劳工的工资是从一笔资本基金中支付的，这笔资本基金的数额在任何时间都是固定的；劳工的平均工资，是由资本基金的数额和求职者人数的比例决定的。根据工资基金说的逻辑，无论是立法管控还是任何劳工运动，都无法改变这个现状，因此只能严格遵从。竞争一般被视为分配财富的完美手段。工人阶级人口增长，会对有限的资本基金施加压力，这就像人口论中，人口增长对生活资料施加压力一样。二者都带着一样的冷冰冰的必然性。对于这个理论，沃尔克评论："受到的欢迎不只是一点点，因为它为工资现状提供了完整的依据。"[6]不过，在他批判这个学说的《工资问题论》于 1876 年发表之后，工资基金说的风头迅速下落。

但是，美国经济思想的内容改变起来可没有那么快。内战后的几十年，被使用最广泛的教科书仍然是修订版的《政治经济学原理》——这本书还是威兰德牧师在 1837 年写的。萨姆纳和凡勃伦在大学期间都是通过这本书学习经济学的。威兰德的初衷，是对古典经济学鼻祖，亚当·斯密、让 - 巴蒂斯特·萨伊（Jean-Baptiste Say）和李嘉图的学说进行有条理的阐述。对于威兰德和古典经济学的其他代表人，例如鲍恩（Bowen）、阿瑟·莱瑟姆·佩里（Arthur Latham Perry）和劳伦斯·劳克林（Laurence Laughlin），经济学的前提基本是一致的：人是欲望的产物，处处受自利的驱使；如果竞争机制是自由而且公平的，那么它可以让经济人追逐自利的行为服务于"最大多数人的最大利益"。但是，这个系统非常微妙，必须被允许在"常态"下运作，不能被政府干预破坏。自然的经济法则，在本质上就是造福于人的，但要享受其福祉，人类必须允许它不受阻碍地运转。人必须做到勤劳、节俭、温和、自立。获得经济拯救的途径是自力更生，而不是懦弱地依靠国家的干预。[7]萨姆纳没有花费多大力气就把这个理论框架套用到"达尔文"式的个人主义上了。

到了19世纪80年代中期，经济学局势发生了改变。可以观察到，古典经济学对于年轻学者的吸引力正在下降，这可以部分归结于德国经济历史学派的影响。[①] 刚从德国哈雷和海德堡结束博士学业的伊利发表了《新旧政治经济学要领》。在文中，他批判了古典经济学的简单和教条主义，它对自由放任的盲目信仰，还有它用自利解释人类行为的做法。伊利称赞了经济历史学派，将它视为古典经济学的解毒剂，并论证道：历史的方法不会导致这种学术极端。

> 这个更年轻的政治经济学，不再允许科学被贪婪吝啬的人当作工具，来打击和压迫劳动阶级。它不认可自由放任——这是明明有人挨着饿，却什么都不做的借口。它也不承认有竞争就什么都够了——这是折磨穷人的托词。[8]

一年后，曾经的美国中西部农场男孩，刚从哈雷获得博士学位不久的西蒙·派顿（Simon Patten）发表了对《新旧政治经济学要领》的书评。他质疑了无限制的竞争的社会价值，表达了他对马尔萨斯、李嘉图和工资基金说的不满。派顿写道，人们一般认为，达尔文学说印证了马尔萨斯的人口定律，但在关键节点上，二人的学说却完全相反：马尔萨斯认为，人有一套有限的、无法改变的属性；而达尔文的学说则认为，人是灵活的，环境决定了人的特征。如果达尔文的假设为真，人口的自然增长率就不可能是恒定的，它应该能够根据人的环境和境

---

① 经济历史学派以德国为代表，认为经济现象不服从普遍规律，而是和具体的时空背景相关，将历史方法引入经济学，注重罗列历史事实，反对古典经济学那种抽象的演绎推理。

遇而改变。[9]

1885 年，在伊利的牵头下，一批新一代的经济学家创办了美国经济学会，学会的《原则宣言》中称：

> 我们认为，国家是代理人；国家的积极救助，是人类进步不可或缺的条件之一。
>
> 我们相信，政治经济学作为一门科学，目前还处于发展的早期。虽然我们感激经济学家以往的工作，但是为了让经济学真正向前发展，我们将不再依靠空想，而是依靠对经济的实际情况的历史和统计研究。[10]

学会成员对传统的整体态度远没有伊利那么负面，而且伊利本人也不是竞争法则的激烈反对者。[11]这份宣言表达的是一种不断增长的不满，而不满的对象是传统经济学家单纯的教条主义。达尔文的科学对于年轻的叛逆者比对正统经济学的代言人更有意义，但它的主要意义，是提供了一个关于变化或发展的普遍学说。新一代经济学家的模型还是来自德国历史学派，而不是达尔文主义的学说。"在我们脑海中，最根本的东西有两个，"伊利写道，"一个是进化的观念，另一个是相对论的观念。"对于他们来说，这些事情比任何有关经济学方法的讨论都重要。"那会儿，一个新世界正在到来。我们那时就知道，如果这将是一个更好的世界，那么我们一定要为它配上一门新的经济学。"[12]

2

虽然达尔文主义对经济学理论影响有限，但是在表达次要观点时，像萨姆纳那样，将竞争作为生存斗争的特殊例子，来论证竞争的正当性的学者还是数不胜数。在这类言论中，让人印象最深刻的或许出自沃尔克，他批判了贝拉米对竞争的反驳。针对贝拉米认为竞争一无是处，是在鼓吹残忍的国家主义的观点，沃尔克笔墨间义愤难掩："让人类在智力、道德和身体上一步步提升的，主要就是竞争，如果一个人连这点都看不到，那我只能说，他对人生现实的观察未免太肤浅了。"[13]

这类观点多出现在和达尔文主义关系不大的论述中。不过，两名经济学家，派顿和托马斯·尼克松·卡弗（Thomas Nixon Carver），尝试着扩大达尔文主义的应用范围，以便对经济学和生物学进行整合。派顿的理论始于对古典经济学缺陷的分析。他认为，古典经济学的主要错误，在于将人类经济视为静止的。根据古典经济学，"环境对人类的影响是如此之大，以至于人类的主观特征都可以忽略不计；环境是如此吝啬，它的剩余如此少，无法让社会关系产生重大改变"。然而，一旦证明，经济环境是随着人的改变而改变的，我们就可以认识到，环境其实没有那么吝啬。新的人类用不同的方式看待世界，他们找到的世界取决于他们的心理特征。一个给定社会中的法则，不是单纯的自然法则，而是来自"这个社会使用的自然力量的特定结合"。

环境的变化通过改变消费习惯作用于人类。每轮成本下降都会产生新的消费秩序和新的生活标准，后者产生新的种族心理，从而催生新的生产动机，产生新的设备，带来新一轮成本下降。这便是动态经济运作的方式：进步像螺旋一样稳步上升。[14]

在1896年的《社会力量论》中，派顿扩大了他对主流社会理论的批判范围。当时的思辨仍然受18世纪的哲学主导，进化论的影响微乎其微。而在这本书中，变化，而不是静止的环境，占据了理论体系的核心。派顿的经济学提出了关于什么"有利"的理论，该理论事实上是对有机体环境的研究。每个有机体的环境都是它的经济条件的总和，因此，环境随着这些条件的改变而改变。实际上，环境的数量是无穷的。任何一个环境被占据之后，很快就会被斗争的个体充满。"进步性进化，取决于从一个环境迁移到另一个，由此避免竞争的压力的能力。"这些环境的条件越来越复杂，因此每次迁移都需要心智的进化。一个进步的国家，哪怕地理位置保持不变，也会经历一系列不同的环境。进步的进化，是高等动物适应新环境的进化。而低等动物则会继续静态的竞争，争夺有限的现有资源。如此一来，在派顿的笔下，进步的核心不再是竞争。

和沃德一样，派顿将进步划分为两个区别鲜明的阶段，分别是生物进步阶段和社会进步阶段。此外，他自己还特别区分了两种有机体，分别是感官能力突出的有机体和运动能力突出的有机体。感官有机体对环境有更清晰的感知，运动有机体"精力充沛，雷厉风行"。在生物进步阶段中，"个体被推到一个局部环境中"，在这个环境中，获取生活必需品的行动不需要什么思考。运动能力决定了谁会生存。运动能力占下风的个体会被挤到局部环境之外。感官能力则在更大的环境中更有用，所以在这些被挤出去的个体中，有一些确实更适合生活在新的环境。他们将找到新的居所，创建生存要求与以往不同的新社会。新的社会发展到一定的阶段，运动能力更强的个体又会占据上风，而运动能力更弱、感官能力更发达的个人，则又会被挤到范围更大的环境中，在这个环境生存又需要新的生存本能，于是最终会形成新的社会秩序。这种离开旧环境，适应新环境的能力，是社会进步的基础，也是它有别于生物进步的地方。

派顿也将这些概念运用到了现代社会的分析上。他指出，人类对环境已经实现足够的掌控，感官能力也已经足够发达，足以走出"痛苦经济学"——李嘉图经济学中描绘的原始经济状态——进入"快乐经济学"。快乐经济学不意味着痛苦完全消失，而意味着恐惧不再是主导的动机。最终，快乐经济学中的剩余人口将被诱惑、疾病和罪恶消灭，这个过程将繁衍出具有"抵抗这类因素导致的灭绝风险的本能"的新种族，也就是说，一个生活在社会联邦中的真正优异的种族。

派顿重视消费的作用。他相信，食谱多样、需求多的人，比食谱简单、需求较少的人有确凿的优势。"第二类人需要一大块土地来养活固定的人口，因此在经济的生存比拼中处于劣势地位。"因此，消费变成了进步性进化的杠杆。[15]

　　派顿的社会理论没有收获很多支持者。但这并非没有理由：无论他在对古典经济学的批判方面有多大功劳，他自己的建设性理论的新颖性要大于实质性，他的方法过于依赖演绎逻辑，他所做的区分也是主观臆测要大于现实分析，他的阐述含糊得让人沮丧，他的心理学也没能逃脱享乐主义的所有局限。但是，他是一个成功的老师，给许多学生留下了持久的影响。[16] 在一些方面，他的写作具有进步时代的特征。他尝试将进化论全面注入经济理论中，以求改造古典经济学。他探索了新生活的可能性，这种新生活不是基于匮乏，而是基于富足。[17]

　　如果说派顿的目标是在社会和经济理论中为生物学找到新的位置，那么卡弗的任务便是保护传统个人主义。卡弗的思想主要出现在威尔逊执政期间，它们听上去就像 25 年前萨姆纳为人熟知的学说的空洞回声。在短小而畅销的《值得推崇的宗教》中，卡弗用传统的话术宣扬了有生产力的生活的益处。他宣称，最好的宗教是最能激发能量，并用最有成效的方式引导能量的宗教。最适合人类进行生存斗争的宗教将掌控世界，"工作台"哲学会打败"猪槽"哲学①，赢得胜利。生存斗争主要是群体之间的斗争，但是个人之间的斗争也会继续，而且个人的斗争会加强其所属的群体在斗争中的效率。能够奖励让群体变得更强的个体，并且用贫穷和失败惩罚对群体贡献最少的个体，以此来调控个人之间竞争的群体才能生存。刺激人的生产效率的最好方法，是竞争的选择机制；发放奖励的最好方法，是通过财产奖励最有价值的公民。"自然选择法则不过是上帝表达他的选择和认可的常规手段，"卡弗断言，"自然选择的选民就是上帝的选民。"为了协助人们生存，教会应该倡导人们通过追求有生产力的生活来遵从上帝的法则。[18] 在后来的作品中，卡弗继续用达尔文主义捍卫竞争。[19]

---

① "猪槽"哲学以积累财富和消费为生活目标，他认为这种人生哲学是邪恶的，值得推崇的是"工作台"哲学。工作台哲学注重行动而不是金钱结果，注重生产而不是消费，这种人生哲学认可竞争，但这样的竞争不是邪恶的，干预竞争的行为是邪恶的。

后达尔文时代的科学对经济理论会有什么影响？没有一位经济学家比凡勃伦更关注这个问题。有关如何在经济学中使用达尔文学说，凡勃伦的构想并不符合他那一代的主流，但从长远来看，他的构想或许是最长寿的。一方面，可以说凡勃伦是一名进化人类学家，他在这方面的理论在《有闲阶级论》和《劳作本能》中得到了最充分的体现。和我们的主题关系更密切的，是他的学术成就的另外两方面：一个是他对行业巨头作为"最适者"的传统形象的严厉打击，另一个是他从进化论视角对古典经济学进行的严厉批判。

凡勃伦毕业于萨姆纳执教的耶鲁大学。虽然他认识萨姆纳（或许也是因为这个原因），他对萨姆纳教的社会达尔文主义完全无动于衷。在为恩里科·菲利（Enrico Ferri）的《社会主义与实证科学》撰写的书评中，凡勃伦指出，菲利以一种"比大多数科学导向的社会主义者更具有说服力的形式"，证明了社会主义理论的平均主义和集体主义倾向和生物学事实并不矛盾。对于沃德的《纯粹社会学》，菲利也表达了热切的赞同，他认为这本书出色地将"现代科学的目标和方法切切实实地引入到社会学研究中"。[20]

在对有闲阶级的批判中，凡勃伦断然否决了萨姆纳将有钱人等同于生物学上的"最适者"的做法。在很大的程度上，凡勃伦大部分作品都是对某种理论框架的推论式批判，在这类理论框架下，个人的能效被等同于他敛财的能力，他的品性被等同于他的金钱地位。对于萨姆纳来说，财产是对个人功绩的奖赏，百万富翁是"自然选择的产物"；而对于凡勃伦来说，商人阶级的世界观和习惯在本质上就是掠夺性的，"理想的金钱型人"的特征要用一般用来形容道德败坏者的字眼才能描述。[21] 行业巨头的功能通常被视为具有生产性，但凡勃伦却将发达的商业社会描述成弱化后的破坏行为。在钱财一般被视为社会服务的报酬的时候，凡勃伦区分了体现工匠精神的工业和体现销售精神的阴险狡诈的商业，指出前者是有利于社会的，后者在一定程度上是欺诈性的。萨姆纳、沃尔克和卡弗等人一般将竞争视为生产服务之间的竞争，而凡勃伦则认为，这种观点已经过时了，它适用于商业和工业尚未分家的年代。过去，竞争主要发生在生产者的工业效率之间；但在商业性远超工业性的年代，竞争主要成了销售者和消费者之间的斗争，充斥着欺诈性的剥削。[22]

《有闲阶级论》出版前没多久，凡勃伦为马尔洛克的《贵族与进化》撰写了一篇书评，其内容预示了凡勃伦思想的未来走向。他说，他撰文的首要动机，是反对马尔洛克的经济论点，并评价说"马尔洛克又写了一本典型的蠢书"，但他也发现，马尔洛克对行业巨头价值的肯定观点，可以借鉴来维护他自己的观点：商人的非生产性。[23]

在《有闲阶级论》中，凡勃伦将制度、个体和思维习惯解读为选择性适应的结果，但是，对于在商业中被选择、获得支配地位的人格类型，凡勃伦的评价和斯宾塞 – 萨姆纳式的评价大相径庭。凡勃伦首先进行了澄清，强调他无意做任何道德上的评价，然后分析道，野蛮文化单纯的攻击性，已经被"最受认可的积累财富的方法——精明和欺诈"取代，成为被选入有闲阶级的必要特征。"一般来说，金钱型生活倾向于保留野蛮气质，但是早期野蛮人对施加身体伤害的偏好，已经被欺诈和盘算也就是管理能力取代。"在现代社会的条件下，选择过程让贵族和资产阶级的德性，"也就是破坏型和金钱型性格特征"，主要集中在了上层阶级，让工业社会的德性，也就是温婉平和的性格特征，主要集中在了"从事机械生产的阶级中"。[24]

凡勃伦还将达尔文主义运用到了一个更根本的方面——对经济学方法的批判上。这种批判最好的阐释，是论文《为什么经济学还不是一门进化科学？》，于 1898 年发表在《经济学季刊》(*Quarterly Jouarnal of Economics*) 上。论文的中心问题如下：让达尔文之后的科学有别于之前的科学的东西是什么？问题的答案，不在于坚持事实，也不在于构思生长或发展的图式。二者的区别在于"精神观点"的不同，在于"为科学目的评定事实的根基不同，或者说评定事实时的兴趣出发点不同"。进化科学"不愿意偏离因果关系或定量推理的验证"。

也就是说，当现代科学家问"为什么"的时候，他要求回答者用因果关系回答，而拒绝走出单纯的因果关系，也拒绝追寻任何宇宙目的论。这便是区别的关键所在。过去的自然科学家不满足于机械推导的简单公式，而要在某种"自然法则"的框架下，对事实进行某种终极系统化。他们坚持相信，在观察到的事实背后，一定有某种"精神上正当合法的目的"。他们的目标，是"用绝对真理构成知识，而且这种绝对真理是精神层面的事实"。

凡勃伦指出，支配现代经济学观念的，仍是这种"前达尔文"观点，而不是从进化科学的视角出发的理论。古典经济学家提出的所谓"终极法则"，其实是在用他们的先入之见构造常态或自然，这些先入之见有关"一切事物在本质上最终趋向的目的"。此外，"一个时代的文化常识视为合理的或值得努力追求的东西"，会被这种先入之见"当作事物的规律"。相反，进化主义自然科学只探讨累积的因果关系，这和以前研究者不参考任何现有事实，只是用他们理想中的经济生活构建所谓的"正常状态"的做法迥然不同。传统经济学家依照他们关于"常态"的先入之见，构造了抽象的追求享乐的人，这个抽象的人是"幸福欲望的同质集合"，被痛苦和快乐的刺激支配却无能为力。而进化科学则将人看作"一种由倾向和习惯构成的合理结构，他开展活动，以便追求自我实现和自我表达"。真正的进化经济学，必须是关于"由经济利益决定的文化发展过程"，并"用这个过程解释经济制度的积累性发展"的理论，而不是根据想象中追求享乐的"正常"人，寻找所谓的常态的理论。[25]

在其他经济学家笔下，达尔文的科学或者提供了合理类比的素材，或者成了传统假设和规则的新依据。但凡勃伦把它变成了织布机，用它重织整个经济思想。当时占主导地位的经济学家认为，现状是正常的，正常的就是正确的；正常进程的必然结局是更仁慈的秩序；恶的根源，在于正常进程的自然展开被妨碍。用凡勃伦的话说：

由于他们享乐主义的先入之见，由于他们对金钱文化方式的适应，以及他们暗地里坚持的"自然总是对的"这种接近泛灵论的信念，古典经济学家认为，所有事物在本质上都趋向的最终圆满状态，是没有矛盾的、仁慈的经济体系。因此，这种竞争的理想提供了一个常态，是否符合这个常态的要求，则成了绝对经济真理的检验标准。[26]

之前的经济学家使用达尔文主义学说，只是为了巩固这种理论大厦。现在，经济学应该抛弃这些先入之见，实事求是地建立关于制度进化的真实理论。

虽然凡勃伦的批判和当时反抗的大环境是相符的，但是他的批判常常被误解。它虽然产生了影响，但是过程非常缓慢。在一段时间内，最欢迎他的作品的人是社会激进分子，可他自己对这类人评价不高。后来，一名同事评价凡勃伦时写道，"在他的众多弟子中，和那些因为他毫不留情地颠覆正统观念，而反思了他们的前提，调整了他们的方向的更多人中"，凡勃伦产生了切实的影响。[27]这番评论发表时，距凡勃伦发表那些经济学中进化方法的论文，已经过去了四分之一个世纪。

3

社会学的方法和概念比经济学经历了更彻底的转变。这是一门仍然在美国寻求独立地位的学科，在1890—1915年，它经历着双重影响，一方面是变化的社会局势，另一方面是以心理学为首的学科变革。社会学发展迅速，学科著述浩如烟海，这让完整介绍达尔文主义的社会学成了不可能的任务。在此，我们只简要概述理论中的主导趋势。

杰出的社会学家要么选择了斯宾塞－萨姆纳模式，要么选择了沃德的模式。沃德本人的地位在1893年后也不断提升，他在1906年当选美国社会学协会第一任会长，这也是他在业界地位的体现。罗斯和斯莫尔都视自己为沃德的弟子。斯莫尔十分重视社会科学的历史和方法论，对宣传沃德的作品情有独钟。罗斯是沃德的外甥女婿，也是沃德热情的支持者。

在斯宾塞阵营中，萨姆纳仍然是领军人物。但此时，他已抛弃先前的个人主义誓言，也已经开始了最终会发表在《民俗论》和在他身后出版的《社会的科学》中的大型研究。他的掌门弟子阿尔伯特·凯勒（Albert Keller）扩充了萨姆纳的工作，以一种适度的方式，将达尔文的变异、选择、遗传和适应等概念运用到了民俗学上。凯勒没有采取老师的原子论进路，而是着眼于制度。但他和萨姆纳后期的理论走向一致，对迅速或大幅度重建社会的提议十分警觉，也一心一意地忠于严格基于决定论的社会进化观念。这个观念最清楚的体现，是他对适应的态度："如果我们能够接受这个结论……每个制度的建立和稳固，都可以被合理地证明为适应，那么，在我看来，我们就是接受了达尔文的理论在社会科学领域的延伸。"[28]

在哥伦比亚大学，富兰克林·H.吉丁斯（Franklin H. Giddings）继续使用斯宾塞的分化、平衡化等概念，以及和斯宾塞理论中类似的宇宙法则，虽然其他大部分作者早已抛弃了它们。[29]不过，吉丁斯欣然承认，社会学是心理的科学，不是生物的科学；他也直言不讳地指出，自己的社会理论中最基础的概念，以及一切社会组织的基础——"同类意识"，是一种心理状态，不是生物学过程。[30]作为一名彻彻底底的个人主义者，吉丁斯在社会选择法则上的观点是保守主义的。虽然他承认，最适者不一定是最优者，但是他认为，做出这样的选择是社会过程的特点。不过，社会选择最优者的时候，会考虑同情心和相互帮助这类品德，它通常会淘汰"无能的和不负责任的人"。[31]从他的主要兴趣还是政治经济学的时候起，吉丁斯就一直忠于竞争法则。他和斯宾塞一样，都相信可以从能量守恒和遗传学事实，推导出竞争法则作为规律的永恒性。[32]吉丁斯从生物学中寻找依据，来支撑自然贵族理论，也因此主张更改直接民主制。[33]

社会学方法中最重要的转变，是背离生物学，将社会研究建立在心理学基础上的趋势。斯宾塞的《社会学原理》还没有完成多久，大潮就已经开始转变，让他成了众矢之的。他的方法被否定得如此彻底，他自己做的澄清和声明也被无视。斯莫尔在 1897 年写道：

> 若要评价赫伯特·斯宾塞先生，应该说他是有功也有过……他在建立半业余思想上取得的成绩，超过了近代的任何人，但他也活到了亲耳听到自己被曾经的弟子宣判过时的那一天。……斯宾塞先生的社会学属于过去，而不是现在。……斯宾塞的社会学原理，是生物学假说在社会关系上的延伸。但是，根据当今社会学家的理解，社会关系的决定因素是心灵的而不是生物的。[34]

斯莫尔的态度代表了主流声音。派顿曾经宣称："我认为，生物学偏见会导致错误的社会观念，并且会鼓励研究沿着无果的方向展开。"[35] 就连斯宾塞主义者吉丁斯也不得不承认："所有社会现象的严肃探究者都已经抛弃通过类比生物学建造社会科学的做法。"[36] 罗斯的《社会学基础》（1905）也包含对斯宾塞主义和相关倾向的批评。斯莫尔观察到，社会学方法论的大体发展方向是一种"逐渐的转移，即从以类比的方式表示社会结构，到对社会过程的真实分析的转移"。[37] 但其实，斯莫尔和乔治·E. 文森特（George E. Vincent）之前共同撰写的《社会研究导论》（1894）也曾使用一定程度的类比方法。20 年后，斯莫尔却直言，"这类作品的空洞现在让我咬牙切齿"。[38] 在《物种起源》发表 50 年后，查尔斯·埃尔伍德（Charles Ellwood）认可了达尔文学说对社会学的巨大价值，但贬低了斯宾塞将物理和力学原理运用到社会上的尝试，认为他的解读"和社会生活根本格格不入，注定会失败"。[39] 詹姆斯·马克·鲍德温（James Mark Baldwin）也同意埃尔伍德的观点：

通过与有机体进行严格类比来解释社会组织的尝试，在斯宾塞的影响下曾经风靡一时，但现在已经被推翻。就连在最基础的心理学原理面前，这种观点都是站不住脚的。[40]

借鉴心理学而不是生物学成了社会学的新趋势，它在沃德的统治时期兴起，也和沃德呼吁的给衡量文明中的心理因素足够的重视相呼应。不过，社会理论最富有成效的革新者没有选择沃德或斯宾塞的心理学，而是更青睐新颖的詹姆斯和杜威。在詹姆斯和杜威之前，心理学一直和传统的享乐主义捆绑在一起。斯宾塞和沃德对人类动机的理解，像凡勃伦批判的古典经济学家一样，被趋乐避苦、刺激－反应的理论框架支配。以杜威和凡勃伦为最重要代表的新心理学，则将有机体描述为倾向、兴趣和习惯的结构，而不是一味接受和记录苦乐刺激的机器。

此外，新的心理学是一门真正的社会心理学。杜威和凡勃伦都强调社会对个体反应模式的塑造作用。查尔斯·霍顿·库利的社会理论和鲍德温的心理学则包含同一个核心信条——人的心灵不可能脱离社会环境独立存在。[41]过去的心理学多少是原子论的。例如，在斯宾塞眼中，社会是个体成员在品性和本能的影响下自动出现的产物。鉴于此，斯宾塞得出结论：社会改善必须是缓慢的进化过程，需要等着人的特征逐步"适应"现代工业社会的生活条件。新心理学愿意接受个体人格和社会制度结构之间的相互决定关系，它正在摧毁单方向的社会因果关系观念，批判它隐含的个人主义。鲍德温写道："个体是他的社会生活的产物，而社会则是这种个体的组织。"[42]而库利的社会心理学的主要论点是："人的精神不能被分为社会性的和非社会性的；每个人在广义上都是社会性的，都是人类共同生活的一部分。"[43]杜威分析了这种人性观对社会行动的意义：

我们也许渴望消灭战争，渴望产业公平，以及所有人都能得到更大的平等机会，但是再怎样宣讲善良意志或金科玉律，或培养爱好和平等情操，都不会获得这些结果。我们必须改变客观的安排和制度。我们不仅必须改变人的心灵，而且要改变环境。①44

当然，社会理论的变化速率也不应该被夸大。威廉·麦独孤（William McDougall）在1908年发表了《社会心理学导论》，在之后的很多年里，它都是该领域最热门的书。麦独孤是"心灵固定结构"论的典型支持者。他从本能推导出人的主要特征，并把这些本能追溯到了种族遥远的生物学过去。许多受麦独孤的本能理论影响的人，都和上一个年代听信了斯宾塞的人一样，难以接受对社会现象进行文化分析的新动向。45

在人道主义和普通人的"政治复兴"的双重影响下，新社会学也被卷入进步主义的浪潮。对于社会学家，他们的学科已经不再是一种正当化自由放任的复杂方法。罗斯和库利拒绝将穷人视为不适者，也不愿意把最适者奉为神圣。46罗斯是社会学最受欢迎的发言人，47他是一名典型的进步主义思想家，这点足以显示社会学的转变。罗斯来自中西部，年轻时支持过平民主义，后来成了许多"扒粪者"的朋友。他的严肃作品透露着抗议和改革的激进精神。"我是被沃德的实践主义喂大的，那种畏首畏尾的社会学家，我连理都不想理。"48在罗斯的早期作品中，他批驳了自然选择和经济过程之间的类比，称它是对"达尔文学说的蹩脚模仿，被发明出来的目的，就是合理化商人的无情行径"。49在《罪恶与社会》（1907）中，罗斯谴责了主流道德规范，称它没有揭露现代社会中非人化的商业关系的真实面目，也未能将社会的丑恶现象归结到潜藏的罪魁祸首的身上。斯宾塞曾经对社会学委以教育人类"莫干预"的任务，而现在，改革的精神已然释放。

---

① 《杜威全集·中期著作·第十四卷》，第20页。

4

社会理论家对社会达尔文主义的声讨越来越激烈，与此同时，社会达尔文主义却被乔装打扮了一番，在优生学运动的写作中复活。伴随着大批医师和生物学家有价值的遗传学研究，优生学更像是一门科学而不是社会哲学，但在大多数提倡者心中，它对社会思想有着严肃的后果。

那时，自然选择理论认为变异可以遗传给下一代，这极大地促进了对遗传的研究。普遍信念中，可遗传的特性简直不计其数，范围可谓辽阔无边。优生学运动的奠基者是达尔文的表弟弗朗西斯·高尔顿（Francis Galton）。在大众仍对达尔文的学说买账的年代，高尔顿发明了"优生学"这个词。在美国，理查德·达格代尔（Richard Dugdale）在 1877 年发表了《朱克家族》，虽然他比许多后来的优生学家更重视环境因素，[50] 但是这项研究还是为当时的普遍观点提供了支撑，即疾病、赤贫和道德败坏在很大程度上受遗传支配。高尔顿关于遗传的早期作品——《遗传的天赋》（1869）、《人类的才能及其发展研究》（1883）、《民族的继承》（1889）在美国早已广受好评，但是，优生学运动要等到世纪之交才先在英国，然后在美国发展成了有组织的运动。之后，优生学的发展势如破竹，到 1915 年俨然已经成为一股风尚。虽然在风头过去之后，它再也没有得到如此广泛的讨论，但是从长远看，它却成了社会达尔文主义影响最持久的方面。[51]

1894 年，阿莫斯·G. 沃纳（Amos G. Warner）在研究型作品《美国慈善事业》中思考贫困的原因时，苦苦思索了遗传和环境谁更重要的问题。[52] 在世纪之交，可遗传性状的社会意义得到了越来越广泛的关注。美国繁育者协会在 1903 年成立，之后其优生学分部迅速发展壮大。到了 1913 年，已经强大到让整个协会更名为美国遗传学会。1910 年，在玛丽·威廉姆森·哈里曼（Mary Williamson Harriman）的资助下，一群优生学家在纽约冷泉港成立了优生学档案馆，它既成了实验室，也成了宣传喉舌。

1914 年，"全国种族改善大会"召开，代表着优生学的理想已经深入医学、各个学府、社会工作和慈善组织。[53] 1907 年，印第安纳州成为美国第一个实施绝育法的州，标志着优生学思想的实际运用的开始。到 1915 年，已有 12 个州通过了类似的强制绝育措施。[54]

在美国，快速的城市化进程产生了许多大型贫民窟，它们成了病弱群体和身心残障者聚集的地方。毫无疑问，优生学的兴起与这个现象密不可分。在那个时期，社会对慈善事业的兴趣与日俱增，政府对医院和慈善机构的捐赠及公共卫生拨款也不断增加，而优生学运动也受到了慈善事业的青睐。1900 年后，精神医学在美国迅速发展，极大地促进了对精神疾病和缺陷的研究。在大城市中，进入医生和社会工作者视线的病残人士家庭越来越多，而已知案例的增长很容易被误认为真实的增长。大批移民从中南欧的农业国家流入美国，他们因为乡村习俗和语言障碍难以同化并融入本地社会，这便导致了一种观点：移民正在降低美国的智力标准。至少对于将熟练掌握英语的能力等同于智力的排外主义者来说，这个观点似乎挺有道理的。19 世纪末，经济明显减速，许多观察者视之为一场全国性经济衰退的开端。在一个达尔文化的时代，人们在社会衰退中看到了生物学的衰退，并认为其与"美国种"的消失有关。[55]

在科学家和医师群体当中，多个生物学发现对优生学运动起到了推波助澜的作用。魏斯曼的种质学说开启了社会理论的遗传学进路。[56] 1900 年，德弗里斯重新发现了孟德尔等人的遗传学研究成果。对于遗传学家来说，该发现不仅提供了他们的研究一直缺少的系统化原理，也进一步确认了他们的研究用于预测和控制的可能。

优生学家往往并不自视为社会哲学家，也无意提供彻底改造社会的方案。偶尔将遗传学观点运用在环境上时，他们也十分审慎。但这没有妨碍他们在社会分析上采取生物学进路，而这恰恰发生在社会理论的领军人物正在背离这个进路的时候。威廉·E. 凯利科特（William

E. Kellicott）的这句话大概可以代表他们大部分人："优生学家相信，在决定社会条件和实践的因素中，最重要的就是种族结构的完整和精神健全，没有任何其他因素可以望其项背。"[57]

早期的优生学家或许不明说，但也认同老派社会达尔文主义的典型做法，将"适者"等同于上层阶级，而将"不适者"等同于下层阶级。他们发出了"警惕社会底层愚者繁衍"的警告，他们言谈中习惯将"适者"等同为经济宽裕、受过大学教育、土生土长的美国公民，这便延续了一个旧信念：穷人是被生物学缺陷压得难以翻身，而不是环境条件。优生学家几乎只关注生活的物质和医学方面，这也起到了分散大众注意力的作用，让他们把更广范围的社会福利问题抛在脑后。在很大程度上，他们也是这个观点的始作俑者：应该着重保护"种族血统"以便拯救民族，这是西奥多·罗斯福那种激进民族主义者十分欢迎的观点。[58]不过，和先前的社会达尔文主义者不同，他们没有得出压倒性的自由放任主义结论。事实上，他们自己的计划，也要部分依靠国家行动才能实现。尽管如此，他们的保守主义偏见和社会达尔文主义者所持的可谓半斤八两。可是他们的生物学观察看上去却又十分权威，就连彻底否定了斯宾塞的个人主义的罗斯等人也十分信服。

早期优生学家并未过多质疑高尔顿在社会层面的先入之见。与鲍恩（Bowen）、萨姆纳、佩里一样，高尔顿的假设包含自由竞争制和按能力施奖的原则。他相信，"能够成功出人头地的人，和天生有能力的人，在很大程度上是相同的人。"他补充道，"如果一个人天资聪颖、勤奋上进，工作能力也很强，那么我无法理解，他怎么可能怀才不遇。"他坚持认为，一方面，"社会障碍"不可能阻挡有能力的人出人头地；另一方面，"社会优势无法帮助能力平庸的人取得这样的地位"。[59]

卡尔·皮尔逊（Karl Pearson）将人的能力90%归结于遗传，确定了优生学的基调。[60]亨利·戈达德（Henry Goddard）在研究了"卡利卡克"家族之后得出结论：智力低下是贫民、罪犯、妓女和酒鬼的"主要成因"。[61]大卫·斯塔尔·乔丹（David Starr Jordan）宣称，"贫穷、肮脏和犯罪"的原因是人的素质不高，并补充道，"导致剥削和暴政的，不是强者的强，而是弱者的弱"。[62] 知名医师刘易斯·F. 巴克（Lewellys F. Barker）认为，所有国家兴亡的原因，都可以用适者和不适者的相对生育率解释。[63] 美国优生学的领头羊查尔斯·达文波特（Charles Davenport）质疑了引领当时社会实践的环境主义假设，并指出，"社会科学进步目前最需要的，是更多有关人的单元特征和它们的继承方式的精确数据。"[64]

心智容量可以遗传，这种优生学观念也在教育者中传开，其中爱德华·李·桑代克（Edward Lee Thorndike）起到了很大的传播作用。桑代克区分了人的绝对成就和相对成就，认为前者可以受环境和训练的影响，后者指人与人互相比拼时的相对表现，只能由天生能力解释。[65] 从根本上讲，是种族血统的健全和理性决定了环境，而不是反过来。"要想改善环境，没有比改善人的本性更经济有效的方式。"[66] 在教育政策上，这种观点意味着只需培养能力出众的少数人的心智官能，给能力低下的人有限的职业培训就可以。[67]

保罗·波普诺（Paul Popenoe）和罗斯威尔·希尔·约翰逊（Rosewell Hill Johnson）在热门教材《应用优生学》中较为详细地介绍了优生学观点对于社会政策的意义。他们支持高遗产税、回归农场运动、废除童工、义务教育等一系列变革。农村生活可以抵消城市社会的"劣生"效果；废除童工可以限制穷人"繁衍"，这和义务教育有相同的效果，后者的原理是让孩子变成家长的开销。此外，不应该为穷人的孩子提供补贴，例如免费午餐、免费教科书等能够降低育儿成本的援助。两名作者也反对最低工资立法和工会，理由是它们不考虑个体功劳的大小，为行业设定固定工资，相当于奖劣惩优。他们也反对社会主义，原因是社会主义相信人人平等，相信社会环境的改变会带来许多益处。但是，他们也和个人主义有一定的分歧，因为优生学追求的是社会层面的目标，它需要一定的个体服从。[68]

虽然优生学家有反对杰斐逊人人生而平等之说的倾向，但是不至

于真的去挑战民主政府的理想。民主制的知名评论家阿莱恩·爱尔兰
（Alleyne Ireland）在《遗传杂志》（*Journal of Heredity*）中写道，魏斯
曼的种质学说否认教育和培训可以一代代改善人类，侵蚀了民主的理
论基础。他的论点马上遭到了生物学家的口诛笔伐，后者不认为自然
不平等和民主政府之间必然存在矛盾。[69]

一些生物学家对"科学"方法解决政治问题的能力信心十足。当
第一次世界大战让"德皇主义"的威胁暴露在聚光灯下时，弗雷德里
克·亚当斯·伍兹（Frederick Adams Woods）在研究了皇室家族间的遗
传后指出，最暴虐的罗马皇帝都是近亲。如果说暴君在很大程度上是
遗传的产物，他推断道，"那么消除暴君的唯一手段，就是管控他们诞
生的源头"。因为暴君是从他们祖先的模子中刻出来的，所以"可以通
过控制他们的婚姻数量，减少暴君的数量"。[70]

优生学的意识形态，遭到了社会学的文化分析转型的代表人物的
猛烈抨击。沃德在很久之前就反驳过高尔顿。他看到优生学的意识形
态对自己的理论构成了威胁，《应用社会学》中很大一部分就是在攻击
遗传观。沃德分析了高尔顿用来证明天才来自遗传的例子，指出所有
这些例子中都有机遇和教育的因素。[71]

1897年，在沃德早期作品的影响下，[72] 库利发表了针对高尔顿观
点的批判式评论，他指出，高尔顿笔下所有"遗传天才"的例子都被
赋予了某些基本工具，比如读写能力和阅读书籍的途径。如果没有这
些工具，再高的天赋也难以施展。库利观察到，在19世纪中期，英国
大众的文盲率十分高，他反问道：这一群文盲中的天才，哪怕天资再聪
颖，他们有成名的可能吗？[73] 阿尔伯特·凯勒也提醒优生学家，他们的
提议牵扯到风俗习惯的彻底变更，尤其是性这个根深蒂固的风俗。[74] 针
对优生学家对社会因果关系的认识，成熟社会学家的反驳在库利笔下
得到了最精准的概括：

　　　大多数优生学家都是生物学家或医师，他们从未形成过将社

会视为具有独立生命的有机体的观点。他们认为，遗传让人倾向于某些特定的行为方式，环境可能帮助或阻碍这些倾向；但他们忽略了一点，这一点他们甚至可以从达尔文那里学到：人类特有的遗传和预先决定的适应无关，可以由环境塑造。[75]

5

尽管优生学在骨子里是保守主义的，但是优生学的风格里却有着一副"改革"的面貌。这是因为，它诞生在了一个大多数美国人喜欢自视为改革者的年代。和真正的改革运动一样，优生学也接受为共同目标采取国家行动的原则，它重视集体命运，而不是个人成功。

这是进步时代整体思想趋势的一个突出方面。生活的集体方面越来越受重视，是主流思维模式转变最突出的特征之一。新的集体主义不是社会主义，它的基础在于一个日益扩大的认知：人与人在心理和道德上是相互关联的。它也开始意识到，现实中有人荣华富贵，有人贫困潦倒，这不全是神意的偶然安排。寻求解药的人类，不再寄希望于个体的自我肯定，而是转向了集体的社会行动。

普通人的政治观变了，让社会科学工作者的根本思维模式也发生了转变。19世纪因循守旧的思想建立在原子论的个人主义之上，将社会视为独立的主体松散的聚合。根据旧的思想范式，社会进步的关键，在于提升这些个体的品质，增加他们精力和节俭程度。在这些个体中，最强、最好的会攀升到顶端，领导其他人；这些英雄的丰功伟绩是历史的理想题材；最好的法律应该给予他们最广的活动范围；最好的国家是产生最多这种领袖的国家；得救的途径，在于不去干预产生了这些领袖、把世界的事务交到他们手中的自然过程。

这种思想是静态的，它不鼓励探究，而是鼓励推导式的思辨。它的主要功能，是合理化现有的体制。那些对它感到心满意足的人，对具体调查的兴趣较少，甚至也不是很在意自己的抽象理论有没有显著的创新。

在美西战争和第一次世界大战之间，美国社会动荡不安，这不可避免地影响了思想的模式。旧的思维模式遭到了赞同进步时代新精神的批评家接连不断的口诛笔伐。这种不满导致了智慧的摩擦，让历史、经济学、社会学、人类学和法律界的后起之秀释放了他们的能量和批评天赋。美国思想发生了一场小型的文艺复兴。短短几年内，比尔德、弗雷德里克·杰克逊·特纳（Frederick Jackson Turner）、凡勃伦、康芒斯、杜威、弗朗兹·博厄斯（Franz Boas）、布兰迪斯和霍姆斯等学者迅速崛起。

列举这场"文艺复兴"的成就比较容易，但要描述它的知识假设就较为复杂了。可以断言的是，它的领军人物都把社会当作集合式的整体来看待，而不是原子式的个体的简单聚集。他们也都理解实证研究和准确描述的重要性，背离了那种从传统的模子刻出来的理论思辨。

在历史领域，两项研究明显抛弃了祖先崇拜：比尔德研究了美国宪法的起源，特纳为美国的发展成就寻找了环境和经济层面的解释。在法律领域，布兰迪斯开辟了新的可能性，他起草了一份事实性的社会学报告，首次为国家对私人企业的劳动环境所进行的法律监管进行了辩护。在人类学中，博厄斯不仅带领一整代人类学家远离了单线的进化理论，还迈出了批判种族理论的开创性步伐。在哲学中，杜威将哲学改造成了其他学科的实用工具，将它用到了心理学、社会学、教育学和政治学中，成果丰富。在经济学中，凡勃伦揭露了主流经济理论在知识上的贫瘠，指明了从制度层面对经济事实进行分析的道路。

和时代精神一致，最具有独创性的思想家的目标也一反常态，不再试图维护和维系社会现状及它的全部现实，他们的新目标是准确描述社会，用全新的方式理解它、改善它。

Social Darwinism
in
American Thought

第九章

种族主义和帝国主义

Passage 9

凡国家发展，必残忍野蛮，这是众目昭彰的，我们不为其粉饰。遮掩它是否认事实，赞颂它是称颂真理。除了理想，生活中没有什么是不野蛮的。随着聚集的个体增加，随着集体的活动增加，他们的野蛮程度也随之增加。

——荷马李（Homer Lea）将军

在这个世界，习惯于闭关锁国之宁静太平的民族，必定会先于尚未丧失男子气概和冒险精神的民族倒下。

——西奥多·罗斯福

1

1898 年，美国向西班牙宣战，战争历时三个月，以美国获胜告终。美国与西班牙签署条约，从西班牙手中夺取了菲律宾群岛。1899 年，美国与德国缔结协议，瓜分了萨摩亚群岛，并针对西方各国在中国的利益，提出了"门户开放"政策。1900 年，美国参与了对义和团运动的镇压。到了 1902 年，美国军队终于镇压了菲律宾的叛乱，菲律宾群岛成为美国的未建制领土。

随着美国登上帝国的舞台，美国思想再次转向了战争和帝国的话题；扩张与征服的正反两方纷纷旁征博引，来佐证他们支持的事业。追随着 19 世纪末思想的脚步，他们也试着从自然界中为自己的理想寻找普遍依据。使用自然选择为军国主义或帝国主义作掩护的做法，在欧洲和美国思想界都不新鲜。帝国主义者征引了达尔文学说，来证明较弱的种族应该被征服，他们可以援引《物种起源》，因为毕竟这本著作的副标题便是"生存斗争中优良种族的保存"。

达尔文谈论的是鸽子，但在帝国主义者看来，没有理由不把他的理论运用于人。自然主义的世界观，似乎需要依赖对生物学概念严格、无情、彻底的运用。达尔文自己不也在《人类的由来》中洋洋得意地描述过，在进步到高等文明之前，落后的种族会先消失的可能吗？[1] 军国主义者也一样，他们可以把不适者被淘汰的残酷现实，当作紧急培养军事德性、未雨绸缪的原因。普法战争之后，参战双方均首次使用达尔文学说来解释战场上发生的事。[2] "达尔文是所有战争拥护者的至高权威，"匈牙利作家马克斯·诺道（Max Nordau）1889 年在《北美评论》中写道，"进化论被提出之后，他们就可以用达尔文的名字，遮掩他们天生的野蛮品性，宣称他们内心深处的嗜血本能是有科学依据的。"[3]

不过，达尔文在美国和西欧对种族理论和军国主义的影响也不应该被夸大。无论是强力哲学还是强权政治理论，都在达尔文学说之前就出现了。种族主义同样也不是达尔文后才诞生的现象。比如法国贵族阿蒂尔·德·戈比诺（Arthur de Gobineau）的《人种不平等论》，一部雅利安主义历史的标志性作品，发表在 1853—1855 年，一个尚无法利用自然选择观的年代。在大西洋彼岸，美国人见识了和印第安人的争战，并听到南方政客和宣传人员支持奴隶制的各种论据，种族优越观早已根深蒂固。达尔文还在私底下犹豫不决地勾勒着他的理论蓝图时，美国扩张主义者已经打着"种族命运"的旗号，支持向南部进军征服墨西哥了。"墨西哥人现在可以从北部原住民的命运中，看到他们无法逃脱的命运，"一名扩张主义者写道，"他们必须联合起来，否则便会败给盎格鲁-撒克逊种族的优越的生命力，走向灭亡。"[4]

这种盎格鲁-撒克逊主义，成为帝国时代美国种族主义的核心要素。盎格鲁-撒克逊主义的神话光晕，虽然一度将美国历史学家钳制于其掌下，但是从诞生到发展都并未依赖达尔文主义。盎格鲁－撒克逊历史领域的里程碑作品，英国史学家爱德华·奥古斯都·弗里曼（Edward Augustus Freeman）的《诺曼征服英格兰》（1867—1879）和查尔斯·金斯莱（Charles Kingsley）的《罗马人和条顿人》（1864），都不像是从生物学借鉴了任何东西。约翰·米切尔·肯布尔（John Mitchell Kemble）的《英格兰的撒克逊人》（1949）显然也未受适者生存一说的启发。与种族主义的其他变种相同，盎格鲁－撒克逊主义是现代民族主义和浪漫主义运动的产物，不是生物学的延伸。就连国家是有机体，要么生长、要么衰退的观点，虽然无疑从达尔文学说得到了新的支撑，但是早在 1858 年就已经被"昭昭天命"（Manifest Destiny）①的拥护者提及。[5]

当然，达尔文主义还是得到了帝国主义冲动的青睐。虽然它不是19 世纪末的好战意识形态和刻板种族主义的主要依托，但还是成了种族主义和斗争主义理论家手中的新工具。在那个年代，冯·毛奇（von Moltke）说出了"战争是上帝创建的秩序的组成部分，没有战争，世界将停滞不前，在物质主义中迷失自我"这般言论。将自然描绘为战场的达尔文式画面，和这种好战年代的主流思想简直如出一辙，二者的相似性不可能被忽视。不过，这种直白粗暴的军国主义在美国相对罕见，更常见的，还是热心肠的盎格鲁－撒克逊人为了和平与自由统治世界的观念。在 1885 年后的几十年内，好战或和平的盎格鲁－撒克逊主义，是美国帝国主义的主要抽象依据。

19 世纪后半叶，许多美国思想家都有盎格鲁－撒克逊种族高人一等的执念，而达尔文主义恰巧可以支持这种信念。在他们看来，他们的"种族"在世界上已经实现的统治范围，可以证明它是最适者。此外，在 19 世纪 70 和 80 年代，盎格鲁－撒克逊主义的许多历史观念也

---

① 认为受上帝指定，美国的天命就是在北美扩张、传播民主和资本主义的观点。

开始反映生物学和其他领域的进展。在一段时间内，美国历史学家为科学的理想倾倒，梦想着进化出一门能和生物科学媲美的历史科学。[6] 他们的信仰的主要基调可以在爱德华·奥古斯塔斯·弗里曼的《比较政治学》（1874）中找到，这本书结合了对比的方法和盎格鲁 – 撒克逊种族优越论。"为了比较政治学研究的目的，"他写道，"应该将政治机构视为等待被研究、分类、标记的样品，就像等待人们的研究、分类、标记的一栋建筑或一只动物。"[7]

　　一旦开始对政治机构进行分类和比较——就像维多利亚学者对待动物标本那样——某些政治制度就很有可能胜出。弗里曼受到了文献学和神话学中比较方法研究成果的启发，尤其是爱德华·泰勒（Edward Tylor）和马克斯·穆勒（Max Müller）的研究成果，他用比较的方法进行历史追溯，试图在雅利安人的原始机构中，尤其是在"共同血缘最优异的三大分支——希腊人、罗马人和条顿人"中，寻找最初统一的痕迹。

　　当赫伯特·巴克斯特·亚当斯（Herbert Baxter Adams）① 在约翰斯·霍普金斯大学开始他意义深远的历史研讨班时，弗里曼为他送上了正式的祝福。而弗里曼的名言，"历史是过去的政治，政治是当前的历史"，则贯穿了亚当斯研讨班中的历史研究。一整代受约翰斯·霍普金斯学派熏陶的历史学家大概都会同意亨利·亚当斯的说法："我心甘情愿地奔入历史中盎格鲁 – 撒克逊人的怀抱。"[8] 盎格鲁 – 撒克逊学派的核心观点是，英国和美国的民主机构，尤其是新英格兰镇民会议 ②，可以追溯到早期日耳曼部落的原始制度。[9] 虽然在细节上不尽相同，但是霍普金斯派史学家基本上都相信同样的大致图景：条顿人民主、高

---

① "新史学"代表人物，美国历史学会创始人。他受在德国接受的史学教育影响，倡导科学的史学，将德国的历史研讨班教学法引入约翰斯·霍普金斯大学，为美国培养了一大批历史学家。

② 镇民会议是新英格兰州的标志性传统，是直接民主的一种形式，其历史可追溯到欧洲移民刚在美国东部定居的早期。

大、长着金发，自治制度是他们创造的。这个学派的观点，在詹姆斯·霍斯默（James Hosmer）1890年热门的《盎格鲁－撒克逊自由简史》中得到了适合它的阐述。该书援引了出自盎格鲁－撒克逊各部分领土的文献，来证明这个论点：民有和民治的政府源自古代盎格鲁－撒克逊民族。霍斯默写道：

> 虽然每个国家都或多或少地采纳过（或者更确切地说是模仿过）盎格鲁－撒克逊式的自由，但是在未来，这种自由的希望仍然掌控在讲英语的种族手中。在百般劫难中持续保障了它的存活的，只有这一个种族，和它彻彻底底意气相投，也只有这一个种族。如果有一天，它会在那个种族中消失，那么这种自由存活的概率便也是微乎其微了……[10]

霍斯默的乐观和同时代的英国历史学家约翰·格林①（John Green）颇为相仿。格林相信，讲英语的种族人口将大幅增加，在新大陆、非洲和大洋洲扩散。"不可避免地，"霍斯默曾经得出结论，"世界未来的主人公是我们。英吉利的机构、英吉利的话语、英吉利的思想，将成为人类的政治、社会和智识生活的主流。"[11]也就是说，最适者的生存将鲜明体现在未来的世界政治中。

约翰·W. 伯格斯（John W. Burgess）在政治理论领域所做的，和霍斯默在历史领域中做的一样。伯格斯的《政治科学与比较宪法》和霍斯默的书在同一年发表，这本书的内容表明，盎格鲁－撒克逊主义在美国受到膜拜，这背后有来自日耳曼和英吉利的双重影响。伯格斯和亚当斯一样，都在德国完成了大部分博士学业。而这本书的独特之处，伯格斯宣称，在于它的方法："这是一项比较研究，它是一次在政

---

① 约翰·格林著有《英吉利人民的历史》《英格兰的形成》《英格兰的征服》等。

治学和法理学中使用比较方法的尝试。事实证明，这种方法在自然科学中已经硕果颇丰。"伯格斯主张，政治能力不是所有民族都享有的馈赠，只有少数几个民族拥有它。雅利安民族是展现了最高政治组织能力的民族，虽然这种能力在各个雅利安民族间也参差不齐，但是只有"条顿人真正以其高人一等的政治天赋统领着世界"。

> 因此，不应该认为所有民族都必须成为国家。从历史上来看，政治能力不强的民族屈服于或从属于政治天赋较高的民族，这个规律和民族国家的组织一样，都是世界文明的一部分。我认为，亚洲和非洲没有任何其他形成政治组织的可能性。……民族国家，对于整个政治组织问题来说，是世界上目前诞生过的最现代、最全面的解决方式。而民族国家是条顿人政治天赋的产物，这证明，各个条顿民族是政治上最出类拔萃的民族，条顿民族应该在建立和管理国家的事业上统领全世界。……条顿民族永远不能将行使政治权力视为人的权利。对于他们，政治权力必须建立在行使政治义务的能力之上，而条顿民族也最知道这种能力何时、在哪里存在。[12]

西奥多·罗斯福曾经是伯格斯在哥伦比亚法学院的学生，他也深为种族扩张的豪情打动。在他的历史书籍《征服西部》中，西奥多·罗斯福从拓荒者和印第安人的斗争中得出结论：白人的到来势不可当，种族战争必将血拼到底。[13]"在过去的3个世纪，"当时崭露头角的政治家西奥多·罗斯福写道，"讲英语的民族分散到了世界上各个荒芜的角落，这不仅是世界历史最惊人的成就，在影响和重要性上，也没有任何事件能与它匹敌。"西奥多·罗斯福认为这种伟大扩张始于日耳曼部落离开他们多沼的森林，开始征服的年代。美国的建立则是这种伟大的种族扩张史的巅峰成就。[14]

费斯克是美国最早结合了进化主义、扩张主义和盎格鲁－撒克逊神话的人之一。他的写作让我们看到，斯宾塞理想中的进化和平主义，和随后出现的好战帝国主义，二者之间的界限是多么模糊。费斯克性情温和，他的思想基础，是斯宾塞的过渡理论——从好战社会到工业社会的过渡。他绝不是提倡将暴力作为国家政策手段的那种人。但是，哪怕是在这样的一个人笔下，进化理论的源头，也是自命不凡的种族命运说。在他的《宇宙哲学概论》中，费斯克接受了斯宾塞的观点，认为冲突在野蛮社会中无处不在（除家庭关系外），他相信冲突是选择过程的有效工具。[15] 但是，在自然选择的作用下，分化和整合得更加完备的高等社会已经超过了更落后的社会，发动大型战争的能力集中在了"那些掠夺活动最少、工业活动最多的社群中"。也就是说，战争或破坏性竞争让位给工业社会中的生产性竞争。[16] 随着战事的减弱，征服也会被结盟取代。

费斯克很早就相信雅利安种族的优越性，[17] 因此也接受"条顿式的"民主理论。[18] 盎格鲁－撒克逊人在扩张中的任何征服行为，都可以用这个理论来为自己正名。18 世纪的殖民斗争中，英国战胜了法国，这是工业性战胜了好战性。美国战胜了西班牙，把菲律宾收入囊中，这在费斯克看来，是西班牙的殖民主义和英国更优越的政治方式的斗争的高潮。[19]

1880 年，费斯克应邀在大不列颠皇家研究院发表了共三场关于"美国政治思想"的系列讲座，讲座成了盎格鲁－撒克逊主义的知名宣言。费斯克称赞了古罗马帝国，称赞它维持了长期的和平，但也表示它是失败的政治组织体系，因为它未能调和协同行动和地方自治之间的矛盾。解决这个古老的矛盾的方法，是新英格兰镇实施的代议制民主和地方自治。美国联邦组织使用美国的雅利安祖先的乡村民主制，可以让十分不同的州与州之间结成有效的联盟。民主、多元、和平将实现和谐统一。把这个精妙的雅利安政治体系传播到全世界，消除所有战事，是世界历史的下一步。

带着达尔文主义对种族繁殖力的标志性强调，费斯克详细探讨了英吉利和美利坚种族的巨大人口潜力。美国可以养育至少7亿人口，英国人民可以在几个世纪内占据非洲，建起熙熙攘攘的城市、欣欣向荣的农场、铁路、电报系统等一切文明所需的装置。这就是这个种族的"昭昭天命"。地球上每一片尚未孕育过古老文明的土地，在语言、传统和血统上都将变成英吉利的。地球上五分之四的人类都将拥有英吉利血统。从日出之地到日落之处，这个种族将成为海洋和商贸的霸主——英格兰从在新世界定居起便开始争取的地位。[20] 只要美国愿意降低它可耻的关税，和世界其他地方自由竞争，它便可以和平地施加一种压力，使欧洲国家无力承担军备支出，最终看到和平和结盟的好处。如此这般，费斯克说，人类将走出野蛮，成为真正的基督徒。[21]

费斯克对成功地发表演讲早已习以为常，可这些演讲在英国和美国引起的热度，让他自己都感到震惊。[22] 有关"昭昭天命"的演讲1885年发表在《哈泼斯杂志》上后，在美国各大城市一共被转载了20多次。[23] 应总统海斯（Hayes）、首席大法官韦特（Waite）、马萨诸塞州参议员霍尔（Hoar）和道斯（Dawes）、谢尔曼（Sherman）将军、乔治·班克罗夫特（George Bancroft）等人邀请，费斯克又在华盛顿多次发表该演讲，他受到了政界要人的隆重款待，还被介绍到了内阁。[24]

但是，作为扩张的代言人，费斯克的声音还是没有另一位响亮：斯特朗牧师。他的《我们的国家：可能的未来及其当前的危机》于1885年出版，英语版很快就销售了17.5万册。斯特朗时任美国福音会会长，出书的主要目的是为传教任务筹款。斯特朗把达尔文和斯宾塞的写作改造成了美国农村新教徒所持的偏见，他在这点上可谓天赋过人，这也让这本书成为它的时代的有力见证。斯特朗为美国的物质资源感到自豪，对它的精神生活却并不满意。他反对移民、天主教徒、摩门教徒、西部酒馆、烟草、大城市、社会主义者以及财富聚集在少数人手中的情况，认为它们都对共和国构成了严重的威胁。但是，斯特朗相信普遍的发展，包括物质和道德，也相信盎格鲁－撒克逊种族的未来。他用经济论据支持帝国主义。他认为，公共土地资源即将枯竭，这将会成为国家发展的转折点，这比特纳的类似观点早了 10 年①。不过，最让他热血沸腾的话题，还是盎格鲁 – 撒克逊主义。斯特朗说，盎格鲁 – 撒克逊人是公民自由和纯粹的基督教精神的承载者。

> 人口增长比任何欧洲种族都快，已经拥有世界三分之一的土地，而且会随着人口的增加获得更多土地。到 1980 年，盎格鲁 – 撒克逊种族的人口至少将达到 7.13 亿。因为北美大陆比英格兰小岛要大许多，所以它将成为盎格鲁 – 撒克逊的基地。

> 如果人类发展也遵循某种规律，如果"时间最高贵的后代也是最后的后代"，那么我们的文明就应该是最高贵的，因为我们是"时光进程最深处，所有时代的继承者"。我们不仅占领了力量的纬度，我们的土地还是那个维度中最后被占领的。北温带再没有其他处女地。如果人类进步的最后结晶不在这里，如果还有更高等的文明即将出现，那么能够诞生它的土壤在哪里？[25]

斯特朗接着论证道，一种更新、更好的人种正在美国出现，他们比苏格兰人或英国人更高、更强、更壮。斯特朗扬扬得意地指出，达尔文自己也认为美国人更旺盛的精力是自然选择的结果，因为他在《人类的由来》中写道：

> 有人相信美国的惊人进步及其人民的特性乃是自然选择的结果，这是非常正确的。因为精力较强的、勤劳勇敢的人们在最近 10 至 12 代间从欧洲各地迁移到这片大陆，而且在这里获得了最大的成功。从遥远的未来来看，我并不认为津克（Zincke）以下的观

---

① 在 1893 年的《边疆在美国历史上的重要性》一文中，特纳指出，美国西部居民可以占领"无主土地"来摆脱贫困，因此"无主土地"是美国个人主义和民主的源头。随着无主土地逐渐被占领，美国将不得不对外扩张。

点是夸大的，他说："所有其他一系列事件——例如希腊精神文明所产生的事件和罗马帝国所产生的事件——只有与盎格鲁－撒克逊人的巨大西移潮流这个事件相联系，毋宁说作为它的次要事件来看，似乎才有意义和价值。"①26

接着，斯特朗重新回到了他的主题上，即世界上未被占据的土地正在逐渐被占满，人口很快将在美国对生存造成压力，就像在欧洲和亚洲一样。他宣称：

> 然后，世界将进入历史的新阶段——种族的最终竞争，而盎格鲁－撒克逊人正在为这个竞争积极备战。如果我的预言没错，那么这个强大的种族将南下到墨西哥，到中美洲和南美洲，扩张到大洋中的岛屿，到非洲和更远的地方。难道有人会怀疑，这个竞争的结果会是"适者生存"吗？27

2

虽然帝国主义之争的焦点是具体的经济和战略问题，例如对华贸易和海军实力，但是该运动的理论依据却来自更广泛的意识形态观念。盎格鲁－撒克逊主义的吸引力，从扩张运动的领袖对它的忠实度中可见一斑。许多人都相信盎格鲁－撒克逊不可避免的命运（占领世界），包括参议员阿尔伯特·T.贝弗里奇（Albert T. Beveridge）和洛奇，西奥多·罗斯福及其国务卿约翰·海伊（John Hay）。在为吞并菲律宾而发动的战争中，帝国政策被公开辩论，扩张主义者列举了一系列依据，包括进步法则、不可避免的扩张倾向、盎格鲁－撒克逊的昭昭天命、

---

① 达尔文：《人类的由来及性选择》，叶笃庄、杨习之译，北京：北京大学出版社，2009年，第92页。

适者生存等。1899 年，贝弗里奇在参议院疾呼：

> 讲英语的条顿人已经受上帝训练千年，这不是为了虚荣、空洞的自我陶醉。不！上帝已经选定我们来担当整个世界的组织者，让我们在统治混乱的地方建立体系……他让我们成为政府的专家，好让我们在野蛮的人和痴呆的人中实施管理。[28]

在西奥多·罗斯福最令人难忘的帝国主义训诫《奋斗不息》（1899）中，他就民族在世界生存斗争中被淘汰的可能性发出了警告：

> 我们无法回避在夏威夷、古巴、波多黎各和菲律宾所面临的责任。我们所能考虑的仅是，我们能否妥善处理这些问题，增强我国的威望，以及我们对这些新问题的处理不当，会不会成为我们历史上黑暗耻辱的一页。懦夫，懒汉，对政府持怀疑态度的人，丧失了斗争精神和支配能力的、文质彬彬的人，愚昧无知的人，还有那些无法感到坚定不移的人们所受到的巨大鼓舞的麻木不仁的人——所有这些人当然害怕看到他们的国家承担了新的职责……
>
> 我想告诉诸位，我的同胞，我们国家呼唤的不是苟且偷安，而是艰苦奋斗。20 世纪即将来临，列强命运风雨飘摇。如果我们袖手旁观，如果好吃懒做，苟且偷安，如果在命运的关键时刻临阵退缩，放弃自己所珍视的事物，那么其他更勇猛、更强大的民族就会超越我们，赢得世界的统治权。[29]

海伊在扩张的冲动中看到了一种不可抗拒的"宇宙趋势"，"没有任何人、任何党派有可能最终战胜宇宙趋势，哪怕再聪明、再受欢迎，都无法抵抗时代的精神"。[30] 几年后，另一位作者也发出了同样的声音："如果历史能教我们任何东西，那就是，民族像个体一样，都遵循自身存在的法则。在它们的生长和衰退中，它们确实受外界条件的影响，它们自己的意愿也能起到一部分作用，但这部分作用往往微乎其微。"[31] 菲律宾问题有时被呈现为美国的命运分水岭。我们的抉择将会决定，我们是会实现规模空前的扩张，还是作为一个衰老的民族没落。曾任美国驻暹罗总领事的约翰·巴雷特（John Barrett）写道：

> 现在是美国争夺太平洋霸权的关键时刻。在这场已经开始的伟大斗争中，美国应该不遗余力地追求绝对优势。如果我们抓住了这个时机，我们将成为永久的领导者；但如果我们现在就落后，那么我们将永远落后，直至世界末日。适者生存的法则不仅适用于动物王国，也适用于国家。这是威武的力量之间冷酷无情的竞争法则，除非我们训练有素，并且强大到能应对自如，否则这些力量将毫无怜悯、毫不后悔地压倒我们。[32]

查尔斯·康奈特（Charles Conant）是知名记者、经济学家，为剩余资本寻找出路的必要性让他感到忧虑不堪。"如果当今的经济秩序不会被社会革命颠覆"，那么，他断言：

> ……自我保护和适者生存的法则正呼吁着我们走上一条新的道路，无疑，这条道路与过去的政策不符，但它是现在新的环境和要求指定的道路。[33]

康奈特警告说，如果不立刻抓住机会，国家有可能会就此衰落。[34] 另一名作家则不认为殖民扩张政策是美国历史上新出现的东西。他写道，西部已经是我们的殖民地，问题不在于是否应该开启殖民事业，而在于是否应该为我们的殖民传统开辟新的渠道。"我们必须铭记，盎格鲁－撒克逊种族是个扩张的种族。"[35]

虽然盎格鲁－撒克逊的神话被用来支持武力扩张，但是它也有更和平的一面。神话的支持者往往和英国有深厚的情感纽带；盎格鲁－

撒克逊派历史学家则强调英美共同的政治遗产，在他们笔下，美国革命要么是长久的共同政治进化中的一时误会，要么是为盎格鲁－撒克逊低落的自由精神及时注入的新活力。盎格鲁－撒克逊传说的另一个产物，是在 19 世纪即将结束时迅速成熟起来的英美联盟运动。虽然这个运动对种族优越性有着不可撼动的信仰，但是其动机更多是和平的，不是军国主义的。它的追随者普遍相信，英美之间间接的理解、联盟或联邦将会带来世界和平与自由的"黄金时代"。[36] 没有任何力量或力量的组合能够强大到对英国和美国的联合构成威胁。这个被参议员贝弗里奇称为"以这个饱尝战火的世界的永久和平为宗旨的神意下的英语联盟"是世界进化的下一个阶段。英美合体的提倡者相信，斯宾塞从好战到和平文化的过渡，以及丁尼生笔下的"全人类的议会，世界的联盟"，都将实现。

1890 年，霍斯默提出了建立"英语兄弟会"的想法，这将是一个强大到能抵抗来自斯拉夫人、印度人或中国人的任何威胁的联盟。[37] 霍斯默认为，这种志趣相同的国家的联盟，是实现人类兄弟会的第一步。不过，美国人对和英国结盟的兴趣，要等到 1897 年才形成一场有实际影响力的运动，这场运动得到了媒体、政治、文学和史学界人士的支持。美西战争期间，欧洲大陆国家对美国多持敌对态度，这让英国的友好显得尤为珍贵。对俄国的共同恐惧和在远东的共同利益，也为种族共同命运这个观念的传播起到了推波助澜的作用。曾经在美国政客中非常普遍的仇英情绪——其中情绪最激烈的包括西奥多·罗斯福和洛奇——已经淡化了许多。反帝国主义者卡尔·舒尔茨（Carl Schurz）认为，他曾十分不成熟地预言过反英情绪的完全消散，而这是美西战争带来的最好的结果之一。[38] 理查德·奥尔尼（Richard Olney）曾经在委内瑞拉争端期间担任克利夫兰的国务卿。他曾经狂妄地告诉英国，美国的法令就是西半球的法律，现在却写了一篇题为《美国的国际孤立》的文章，指出与英国进行贸易往来的好处，并警告说，美国在世界上孤立无援时，不应该采取反英政策。[39] 他说"家庭口角"都是过去的事了，还表达了他对英美外交合作的希望，并提醒读者，"有国家的爱国之情，也有种族的爱族之情"。就连海军至上论者阿尔弗雷德·赛耶·马汉（Alfred Thayer Mahan）也表达了对英国的认可，虽然他在之前一段时间内认为，寻求联合仍为时过早，但是他现在对英国的态度明显变得友好了，也更能够接受英国海军的霸主地位了。[40] 总而言之，在 20 世纪到来之前的一小段时期，盎格鲁-撒克逊运动在上层阶级风靡一时，政客也严肃地谈论起政治联盟的可能性。[41]

不过，盎格鲁-撒克逊的狂热信仰是逆着普通民众的情绪而行的，后者多元的民族构成和文化背景让他们对这种宣传无动于衷，就连在拥有盎格鲁-撒克逊血统的人群中，它的吸引力也只是显著表现在了世纪之交那几年。"盎格鲁-撒克逊"这个词让很多人感到冒犯，在西部的一些州，还举行了反对盎格鲁-撒克逊主义的抗议。[42] 对英国的不信任——美国政治的传统——是无法克服的。例如，海伊就在 1900 年抱怨过"报纸和政客中盛行的对英国狂犬般的仇恨"。[43] 到了第一次世界大战期间，英美联盟运动卷土重来时，"讲英语的人"代替了"盎格鲁-撒克逊"的说法，其他种族也不再被排除在外了。[44] 第一次世界大战后，美国孤立主义的强大浪潮再一次将这个运动推翻。

政治中的盎格鲁-撒克逊主义在范围和持续时间上都没有形成规模。作为一门民族自我肯定的学说，它曾风靡一时；但作为一门世界秩序的学说，它的影响只是昙花一现。追求"英美和平"的人心中仁爱的理想，唯一的实际作用，也仅是在现实政治的需求下，为英美关系暂时的缓和提供了及时的依据。一个对自身生物优势和神圣使命有着十足的信心，并准备把和平强加于世界的"超级种族"还未出现。

3

美国不存在有影响力的军事阶级，所以从未发展出能明目张胆地歌颂战争的强烈军事崇拜。像西奥多·罗斯福的《奋斗不息》那样的情感流露是罕见的。因为战争对种族的影响而颂扬战争的美国作家也不多见。不过，马汉的良师益友，海军少将斯蒂芬·B. 卢斯（Stephen B. Luce）是个例外，他曾经宣称，战争是人类冲突最好的表达渠道之一："在生物界中，各种形式的冲突似乎是生存的法则……暂停这种斗争或者说生命的战役，死亡将宣告胜利。"⁴⁵大多数就战争发表意见的作家似乎都同意斯宾塞的观点，即军事冲突在原始文明发展时曾经十分有用，但早已失去了作为进步工具的价值。⁴⁶

推崇未雨绸缪的人往往也不会宣称战争本身有什么值得向往的地方，而是信奉"若要求得和平，必先准备战争"①的古老谚语。马汉也曾做出妥协："让我们转而崇拜和平吧，把它作为人类必须要实现的目标崇奉，但我们不能幻想和平能被轻易取得，像男孩从树上摘下未成熟的果实那么简单。"⁴⁷

还有人认为，冲突蕴含在天地万物的本质当中，必须将其当作预料之中的不幸必然对待。和西班牙短暂而轻易取胜的交战带来的热度消退后，美国人在1898—1917年的情绪紧张、充满戒备，完全不像一个迅速崛起中的世界强国的样子。在优生学运动的影响下，人们谈论着种族堕落、种族自杀、西方文明的没落、西方人民的衰弱、黄种人的"黄祸"。对于衰落的警告通常也伴随着对重振民族精神的呼吁。

最热门的悲观作家之一是英国人查尔斯·皮尔逊（Charles Pearson），他的悲观主义作品《国民生活与性格》于1893年在英国和美国发表。此前，皮尔逊曾经为大英帝国政府服务，曾在澳大利亚担任维多利亚州的教育部长。在书中，皮尔逊对西方文化做出令人沮丧的预言。皮尔逊相信，高等种族只能在温带生活，这就永远剥夺了他们在热带成功建立殖民地的希望。人口过剩和突发的经济危机将导致国家社会主

① 源自拉丁语谚语"Si vis pacem, para bellum"。

义，该主义将伸开它的触角，入侵欧洲民族生活的各个角落。因为公民将更加依赖国家，民族主义也会随之增长，而宗教、家庭生活和传统道德都将衰落。人们将聚集在集权的大型帝国中，因为只有它们能够存活。臃肿的军队、巨大的城市和巨额的国债将加速文化的没落。竞争的减弱，再加上全民义务教育，会让智力的运作变得更加机械化，消灭它的主动性，而后者是艺术成就的唯一来源。于是，世界将充满这样的老年人：他们只注重科学，不懂审美，稳重但不愿意进步，缺乏冒险、活力、光明、希望和野心。与此同时，其他种族却没有失去活力，因为生物学证明，低等种族比高等种族的繁殖力更强。中国人、印度人和黑人不会被消灭，反而可能会挑战西方文明的霸权，不是通过军事，而是通过工业。现在还在统领世界的白人种族的最好选择，或许是带着勇气和尊严面对未来：

> 只是嘴上说这一切都会过去，而我们的骄傲不会被羞辱，是无济于事的。我们相互斗争，争夺世界霸权，以为这个世界注定属于雅利安种族，属于基督教，属于我们从优秀的时代继承的文学、艺术和独具魅力的社会礼节。但我们有一天会发现，自己被那些我们看不起的、充满奴性的、曾被我们以为注定要永远服务于我们的人颐指气使，他们甚至对我们视若无睹。唯一的慰藉便是，这些变化无法阻挡。一直以来，我们担当了组织、创造、为世界带来法律以及和平的责任，好让其他人也能一起享受。然而，其中的一些人的种族骄傲太强烈，以为不会在生前看到这一天。[48]

皮尔逊的恐惧，标志着 19 世纪 80 年代费斯克和斯特朗表达的那种乐观主义的衰退。对于中产阶级知识分子来说，1893 年的经济恐慌让他们惊魂未定，随之而来的长期经济萧条又导致了严重的社会不满，于是，皮尔逊的末日预言听起来似乎不像假的。19 世纪 90 年代亨利·亚当斯的阴郁情绪似乎很能代表他们的体验。亚当斯在给 C. M. 盖斯凯尔

（C. M. Gaskell）的信中写道：

> 我相信皮尔逊是对的。黑人正在赶超我们，他们已经在海地取得胜利，现在这正在整个西印度群岛和南部各州重演。照这么发展下去，再过 50 年，白人将不得不通过战争或游牧重新征服热带，要么就得永远在北纬 40 度以北闭上嘴。[49]

而对于他的弟弟布鲁克斯·亚当斯（Brooks Adams）来说，悲观不仅是个人的绝望。针对社会变革背后的深层次历史法则，小亚当斯在《文明与衰退的规律》（1896）中提出了自己的理论。力和能量的法则是宇宙的普遍规律，小亚当斯在有些斯宾塞风格的片段中写道，动物的生命是太阳能消散的渠道之一。人类社会也属于动物生命，不同社会根据自然禀赋不同，蕴含的能量也不同。但是，所有社会都遵循一个普遍规律：一个社群中的社会性活动频率，与这个社群的能量和质量成正比，社群的集中程度也和质量成正比。能量如果未在为了日常生存而进行的斗争中耗尽，剩余部分将以财富的形式储存起来，储存的能量可以通过武力征服或经济竞争，从一个社群传输到另一个社群。每个种族的战争能量都迟早会耗尽，此时它便进入经济竞争的阶段。过剩能量不断积累，超过生产能量时，将成为支配社会的力量，届时资本将独揽大权。经济和科学才智将增长，但想象力丰富的、感性的和武力的艺术将衰落。可能会出现停滞期，直至战争或耗竭，或二者一起终止停滞状态。

> 证据似乎表明，高度集中的社会在经济压力下瓦解的原因，在于这个种族的能量已经耗竭。因此，这个社群中的幸存者缺乏重新集中所需的力量，很可能将不得不保持疲软的状态，直到蛮族的血液注入进来，让它获得新鲜的能量。[50]

　　在接下来的《美国的经济霸权》（1900）和《新帝国》（1902）中，小亚当斯以物理学、生物学、地理学和经济学为基础，对社会提出了一种唯物主义解读。他考察了历史上国家的兴衰，将霸权易主的原因归结于主要贸易通道的变化。现在，文明的经济中心又在发生移动。小亚当斯认为这个中心即将在美国停泊，但他还是警告说："长久以来，霸权地位不仅意味着胜利，也意味着牺牲。财富也很少青睐那些虽然精力充沛、勤奋肯干，却缺少准备、组织和勇气的人。"[51]

　　大自然似乎更青睐吝啬的有机体，也就是在能量消耗上最为经济的有机体。大自然否定铺张浪费的有机体，它们可以被战争或者贸易消灭。小亚当斯尤其担忧和东方的俄罗斯交战的可能性，他认为美国必须未雨绸缪，做好战备工作。[52]关于形成中央帝国的倾向，他写道：

　　　　此外，美国人必须意识到，这是一场你死我活的战争——对手不是一个国家，而是一个大陆。世界经济容不下两个财富和帝国中心，其中一个有机体必将消灭另一个。弱者必将灭亡。在商业竞争下，运作得最节俭的社会将生存；但对一个种族而言，被廉价出售往往比被征服还要致命。[53]

　　比小亚当斯更有影响力的人是马汉。他的《海权论》（1890）让他成为世界上最有名的海军至上论者。在《美国的海权利益》（1897）中，他呼吁美国采取比当时的"被动自卫"更强硬的政策。马汉指出：

　　　　当前，我们被冲突环绕："生存斗争""生命的赛跑"是如此熟悉的字眼，我们如果不停下来思考，就感受不到它们的重要意义。处处都是民族间的对抗，我们也不能独善其身。[54]

　　于是便有人开始付诸努力，希望让国家逃脱皮尔逊和小亚当斯预言的噩运，西奥多·罗斯福便是其中一个。在他看来，皮尔逊的悲观毫无依据。虽然西奥多·罗斯福认为，统治热带不是文明国家的天命，但是他无法相信，热带种族能够对白种人构成威胁。等到西方体制和民主政府被传播到热带后，压倒性的工业竞争的威胁将会显著下降。如果热带不西方化，就不太可能拥有较高的工业效率。他对他的朋友小亚当斯的作品的印象不错，但书中过于悲观的预言也让他认为有必要予以反驳。他不相信，随着文明的进步，军事型的种族就一定会衰落，并使用俄国和西班牙作为依据。他还指出，国家衰落不一定和工业发展有关。只有当小亚当斯提到健康儿童人口不足时，西奥多·罗斯福才真正为社会感到担忧。[55] 这是一个让西奥多·罗斯福牵肠挂肚的话题。生育率降低导致的种族衰落让他十分惶恐，他一生都在强调生育和母亲的话题。他认为，如果无法让每个婚姻平均产生四个孩子，那么种族的人口将难以维持。他警告说，如果美国和大英帝国种族衰落的过程不被扭转，盎格鲁－撒克逊人的未来将落入日耳曼人和斯拉夫人手中。[56]

种族衰落和丧失战争精神的恐惧，还导致了"黄祸"。这种黄种人威胁论在 1905—1916 年引起了大量讨论。[57] 此前，西方对待日本的主流态度一直是友好的，直到 1905 年日本战胜俄国。西方目睹了日本的军事才能后，对日本的态度发生了转变，这和 1871 年德法战争中德国战胜后的情况如出一辙。[58] 在美国，对日本的恐惧在加利福尼亚尤为强烈，在那里，对东方移民的仇视已经有 30 多年的历史。[59] 喜爱制造恐慌的媒体也借机利用日本威胁论，大肆进行炒作，甚至导致了几次战争恐慌。[60]

1904 年，一直不遗余力地宣扬种族自信的杰克·伦敦在《旧金山观察家报》上发表文章。文中警告，假如有一天，日本人用他们的组织和统治能力，掌控了中国庞大人口潜藏的巨大劳动能力，那么他们将会对盎格鲁－撒克逊世界构成威胁。他认为，潜在的种族冲突，可能会在他生前成为现实。

种族扩张的可能性尚未消失。我们自己的扩张就尚未结束。

斯拉夫人也正摩拳擦掌，跃跃欲试。而且，为什么黄色人种和棕色人种就没有可能开启他们的扩张之旅——和我们的规模相当，但又具有惊人独特性的扩张之旅呢？[61]

休·卢斯克（Hugh Lusk）则相信，日本的威胁仅是一场范围更广的蒙古种族复兴运动的一小部分。蒙古种族由来已久的人口问题和由此导致的扩张欲，可能会带领他们进军太平洋，一路杀到南美洲西部，最终通过墨西哥抵达美国的大门。[62] 第一次世界大战前夕，"黄祸"的热度达到了顶峰，国会议员也公开讨论起不可避免的太平洋冲突。[63]

和德国军国主义作家冯·贝恩哈迪（von Bernhardi）将军最相仿的美国人大概是荷马李将军。荷马李是一名颇具传奇色彩的军事冒险家，他曾经带领军队镇压过太平天国起义，后来还成了孙中山的军事顾问。荷马李的军国主义直接建立在生物学的基础上。他相信，国家像生物体一样，需要依靠生长和扩张来抵抗疾病和衰退：

> 身体力量代表了人在生存斗争中的力量，同样，军事力量代表了国家的力量；理想、法律和宪法都是昙花一现，只有在国家力量强劲的时候才会存在。对于人类，男子气概是身体力量的最高象征；而对于国家，军事成功是国家力量最辉煌的象征。[64]

荷马李把军事斗争分为三个阶段：为了生存而进行的军事斗争，为了征服而进行的军事斗争，为了争夺霸权和维护霸权而进行的军事斗争。在第一个阶段，生存斗争的阶段，人民才智达到顶峰；斗争越艰难，军事精神就越旺盛，所以征服者往往来自不毛之地和荒岛。斗争和生存的法则，是不可能动摇的普遍规律。国家存活时间的长短，取决于对这些法则的掌握：

> 试图阻碍它们、从捷径接近它们、回避它们、骗过它们、藐

视它们、违反它们，都是愚蠢的，只有轻狂的人才会出现这种企图。这种企图层出不穷，但从未成功，其结果却是致命的。[65]

荷马李就日本入侵美国的可能性发出了警告。他论证说，日美之间的战争必然在陆地战场上结束，美国要想获胜，就需要大幅扩军。如果没有这样的军事机构，西海岸将面临致命的入侵威胁。荷马李还详细描述了他想象中的侵略蓝图。

他进一步警告说，撒克逊人任由民族的战斗精神衰退，是在公然藐视自然法则。把个人的需求放在国家存活的需要之前，这是一种堕落倾向，威胁着盎格鲁－撒克逊人在全世界的力量。在美国，随着非盎格鲁－撒克逊种族的移民大量涌入，美国正在失去撒克逊种族根据地的地位。同时，有色种族也让大英帝国身陷重围。撒克逊的时代正在结束。日耳曼种族和撒克逊种族之间的斗争迫在眉睫，但后者并未做好准备。要从衰落中拯救盎格鲁－撒克逊，解药只有一个，那就是更强大的军事力量。联邦在战争中没有优势，但全民义务兵役或许能抑制已经十分令人担忧的衰落。[66]

支持未雨绸缪的人也使用了和荷马李类似的生物学依据。哈德森·马克沁（Hudson Maxim）是无烟火药的发明者之一，他的兄弟海勒姆·马克沁（Hiram Maxim）发明了马克沁重机枪。哈德森写的《不设防的美国》一书，由出版商赫斯特国际图书馆公司广泛发行。马克沁写道："自我保全是自然的第一法则，这个法则既适用于人，也适用于国家。如果不遵守生存法则，那么我们的美利坚合众国便无法生存。"他指出，人在本性上就是斗争的动物，这个本性基本没怎么变过。不为斗争做准备，就要面临被灭绝的风险，而未雨绸缪或许能够避免战争。[67]

第一次世界大战期间，美国兴起了一场有组织的备战运动。[68] 在该运动领袖的思想中，也可以找到类似的哲学。建设性爱国主义大会主席所罗门·斯坦伍德·门肯（Solomon Stanwood Menken）告诫其成员，适者生存的法则也适用于国家，美国必须重新觉醒，才能重振国家的强大适应性。[69]伦纳德·伍德（Leonard Wood）将军对战争彻底消失的可能性表示了怀疑，称这"和彻底取缔支配着一切的普遍法则——最适者生存——一样困难"。[70]虽然在美国领导人中，用生物学支持军国主义的论点远非主流，但它还是为达尔文主义化的国家心态提供了一种宇宙规律的支持。

4

当扩张问题在 1898 年刚开始浮现时，反帝国主义者还不愿意回应种族的问题，或把它应用在达尔文理论的框架之外。他们更愿意无视"种族命运"的大问题，而专注于美国的传统。政客或有从政意图的反扩张主义者不愿意打击盎格鲁－撒克逊种族优越论，这和党派分布的现实无疑也有一定的关系。他们多为民主党成员，"坚固的南方阵营"① 是他们最可靠的票仓。如果他们否定盎格鲁－撒克逊神话，那么不仅没有回应扩张主义领袖的主要论点，还会引入种族问题。不过，一些民主党成员还是在扩张的问题上利用了种族论据，但是是借力打力，用它来反对兼并海外领土。这个观点由几名南部的国会成员提出，他们指出，如果美国人为菲律宾人成立政府，那么将会向美国政治体系中引入不友好、难以同化的外国人，这些人在民主自治上很可能无法达到盎格鲁－撒克逊人的高度。弗吉尼亚州参议员约翰·丹尼尔在1899 年发言时称：

> 有一个东西是时间和教育都无法改变的。你或许可以改变猎豹的花斑，但你永远都无法改变种族的不同品质，这是上帝创

---

① 美国南方农业发达，历史上南方农场主多蓄奴，对黑人的歧视较为严重，政客想要得到他们的选票，回避种族问题就是明智的选择。

造出来的，为的是让他们在世界的文明与培育中各自承担不同的任务。[71]

　　人类学提出了不同种族潜力同等的观念，但是这个观念尚未得到普及，也没有在接受过科学训练的人中获得广泛认可。1894年，博厄斯就任美国科学促进会副会长，发表了充斥着怀疑论腔调的就职演说，针对当时对有色人种的主流态度，做了一番鞭辟入里的批评。他指出，认为白人文明程度更"高"，所以种族能力也更强的常见假设，是没有根据的臆断。白人文明的标准被理所当然地视为规范，而任何不符合规范的行为，也被理所当然地视为低等种族的特征。博厄斯将欧洲人在文化上的优势归因于历史发展，而不是内在的能力。[72]

　　威廉·Z.里普利（William Z. Ripley）在他内容翔实的《欧洲的人种》（1897）中，向受过教育的读者介绍了种族这个概念的复杂性，击碎了雅利安种族的神话。但是，除了专家和求知欲旺盛的大众读者，这些概念很少得到理解。在党派政治中，当需要证实雅利安种族神话，证明它那些自鸣得意的断言时，除了援引其他偏见外别无他法。在受过教育的人中，还有一个观点十分普遍，它源自海克尔的"生物遗传定律"。根据这个观点，个人的发展是人种发展的重演，因此原始民族就被视为停滞在儿童或青春期阶段，或者用英国作家鲁德亚德·吉卜林（Rndyard Kipling）的话说，"一半是魔鬼，一半是儿童"。[73] 著名心理学家暨教育家斯坦利·霍尔（Stanley Hall）在题为《青春期》的研究报告中对这个观点表示了支持。霍尔认为，因为落后人种有儿童般的品性，所以他们在种系遗传中的"前辈"应该以温柔和同情心对待他们，向儿童发动战争是可耻的。由此可见，重演理论背后仍然是对原始种族文化居高临下的态度，它没有对种族优越论的鼓吹者构成挑战。[74]

　　在这种大环境下，挑战种族不平等的信条是需要勇气的。欧内斯特·克罗斯比（Ernest Crosby），托尔斯泰的美国弟子，便是少有的主动迎战之士。克罗斯比发明了"盎格鲁－撒克逊粗俗化世界联盟"一词。在对吉卜林《白人的重担》一诗的知名戏仿中，克罗斯比暗示，对于遥远岛屿上生活节奏缓慢的居民来说，西方文明的好处并不值得向往。[75] 威廉·詹姆斯向他提供了声援，称美国在菲律宾的"吕宋岛上，破坏了世上唯一神圣的东西——国家生命的自然萌芽"。[76] 虽然反帝国主义者尚未准备好向白人至上主义或盎格鲁－撒克逊至上主义发起挑战，但是一些人还是质疑了以传播文明为由而发动的征战或兼并。这些质疑者或许会赞同一名有色人种士兵发出的感慨。他被派遣到菲律宾镇压阿吉纳尔多[①]（Aguinaldo）的反叛，在战争带来的疲惫下，他说："这些白种人的重担根本和他们吹嘘的不一样。"[77]

对于反帝国主义者来说，最好用的论据还是要从"美国主义"的传统中寻找。这么做不会产生人们陌生的新观点。根据美国主义传统，扩张意味着引入语言、习俗和制度都不同的种族，意味着殖民官僚体制的开始：它是对英国模式的生硬模仿，需要强大的常备军支持，因此会带来沉重的税收负担。美国民主一向强调，只有民众认可的政府才是合法的政府。剥削一个手无寸铁的民族，向他们的政府动武，只会让美国民主最优良的传统蒙羞。地大物博的美国本土就很富饶，没有迫切的扩张需求。扩张，是为了追求蝇头微利而承担巨大的风险。倘若美国开启帝国主义事业，便会被卷入世界政治的游戏中，染上军国主义的仇恨和嚣张。在这背后，还将永远潜伏着保卫海外领土的战争威胁。[78]

威廉·詹姆斯是最斗志昂扬的反帝国主义者之一，他曾经担任美国反帝国主义同盟的副会长。詹姆斯时不时向《波士顿晚报》寄去大义凛然的信件，讨伐扩张主义意识形态。针对"白人的负担"和"昭昭天命"，他批评道：

---

① 阿吉纳尔多为菲律宾独立运动的领袖，曾在美西战争中领导菲律宾人协助美国，后因美国未能兑现承诺而与美决裂，发动对美的反抗之战。——编者注

被吹捧上天、顶礼膜拜的"现代文明"的真实面貌，还有什么比它们能更有说明性吗？文明不过就是产生了这种歪瓜裂枣的，由纯粹野蛮、毫无理性的冲动构成的，庞大、空洞、吵闹、蛊惑人心，让人腐败、困惑的洪流！[79]

在一篇抨击西奥多·罗斯福《奋斗不息》演讲的文章中，詹姆斯说他"心智还停留在'狂飙突进'的青春期早期"，是在"从生理兴奋和它带来的困难这个单一角度"谈论人间事务，还就战争高谈阔论，好像战争是人类社会的理想状态似的。西奥多·罗斯福"没有一句有价值的话，谬论连篇，谬误之间不分上下，因为他什么歪理邪说都敢说。他把一切都捆绑到抽象的战斗情感上"。[80]

萨姆纳也打击了帝国主义的冲动，而且几乎动用了反扩张主义一切可用的武器。熟悉萨姆纳在打破民主崇拜上一贯干脆利落的立场的人，看到这位一向顽固的老学究竟以抛弃国家民主原则为由批判帝国主义者，或许会瞠目结舌。但是，萨姆纳的论调透露着一股无可争辩的真诚，而且他的观点又一次危及他在耶鲁大学的教职。"有人认为，直到仅花了三个月时间，就击溃了西班牙这个贫穷、衰弱、破产、老态龙钟的国家之前，美国从来不是一个伟大的国家，"萨姆纳发出疾呼，"我的爱国心，容不得这种观点的侮辱。"[81]

在所有倡导和平和反对扩张主义的人中，最有名的大概是斯坦福大学的校长大卫·斯塔尔·乔丹。下述观点在美国变得深入人心，乔丹的贡献比任何人都突出：在生物学层面，战争是一种罪恶，它不是一件好事，因为它带走了身心健康，带走了更具有适应性的人，而留下了适应性更差的人。乔丹曾经在内战中失去了一个哥哥。到1898年，他对裁军和国际仲裁运动产生了兴趣。乔丹是一位知名的生物学家，也是优生学运动的领军人物之一。他关注起战争的生物学影响。在发表于美西战争和第一次世界大战之间的一系列作品中，乔丹发展了他的论点，并从五花八门的领域找到了论据，例如人体测量学、伤亡统计数据、内战老兵的回忆、其他生物学家的结论等。乔丹说，达尔文本人也同意，战争有着"劣生"的后果。[82] 乔丹成了爱国者、军国主义者和支持未雨绸缪的人最爱攻击的靶心。他们以过去各个年代战事不断，但种族不断改善为论据，反对乔丹的论点。[83]

虽然乔丹未能成功让美国人接受他近乎和平主义的主张，但是他确实让战争使种族衰退的观念变得深入人心。在第一次世界大战后的几年中，反军国主义情绪高涨，他的学说被不断重复，成了最常被援引的学说。例如，《周六晚间邮报》（*Saturday Evening Post*）编辑在1921 年写道：

> 要么缴械，要么死亡。这是所有敢于睁开眼睛的人都能看到的选择。不惧怕面对现实的人很清楚，就像大自然灭掉弱者、不适者一样，战争消灭强大、勇敢的人，消耗种族最富有活力的血液。[84]

颇为讽刺的是，美国参加第一次世界大战时，不是以军国主义为口号，而是举着反军国主义的大旗。这样的结果是，战时的舆论环境在整体上是反对生物学军国主义的。它被认为是敌人的哲学。对于知识分子来说，强权政治下的社会达尔文主义倾向，是他们抵制的哲学的一部分。[85] 从战争文学中，还诞生了德军的残酷形象。在这种形象中，德国人的心灵受到一种有意识的坚定的、钢铁般的反道德哲学支配。人们认为，德国人膜拜特莱奇克（Treitschke）、尼采、冯·伯恩哈迪等军国主义者，这些人自认为是全体人类的精英，是注定要征服欧洲或世界的超人，他们宣扬"强权即真理"，宣称战争是生物学上的必然，征服是出于适者生存的需要。大众中突然刮起了关注尼采和冯·伯恩哈迪之风。保罗·埃尔默·摩尔（Paul Elmer More）早在1914 年 10 月便写道："在媒体的帮助下，尼采的名字，正在社会大众心中长出邪恶的含义。"[86]

英国和美国学者也没少火上浇油。他们翻遍了德国文学，没少找到沙文主义的证据。尼采笔下"打好的战争能让一切借口神圣"之类的字眼都是堆积如山的铁证的一部分。再比如，另一个德国人克劳斯·瓦格纳（Klaus Wagner）在他 1906 年出版的《战争》中称："现代自然科学家在战争中看到了有效的选择方式。"[87]冯·伯恩哈迪则在广为畅销的《德国与下一次战争》中写道：

> 战争不仅是国家生活的必要因素，也是文化不可或缺的要素。战争是真正文明的国家的力量和活力的最高表达……从生物学上看，战争给出的是公正的裁决，因为它的裁决是事物的本质决定的……它不仅是生物学法则，也是道德义务，是文明中不可或缺的要素。[88]

战争让许多类似的不逊之言被收录成册。这些语录来自德国的哲学家、政治家、军事领导者。其中最有学术性的，是华莱士·诺特斯坦（Wallace Notestein）和埃尔默·E. 斯托尔（Elmer E. Stoll）主编的《征服与文化：德国人亲口承认的目标》。该书由乔治·克里尔（George Creel）领导的公共信息委员会发行①，因此是官方认可的出版物。历史学家、传记作者威廉·罗斯科·塞耶（William Roscoe Thayer）也十分积极地宣传他对德国心态的解读，宣称：

> 德国人在各个方面都看到了自己是天选之子的证据。他们解读进化论，来为他们的渴望寻找依据。而进化论说："最适者生存了下来。"
>
> 为了支撑他们的信条，超躁狂哲学的捍卫者们对生物学十分

---

① 公共信息委员会是第一次世界大战期间在威尔逊总统的领导下，引导大众在战争中支持美国的独立政府机构。

依赖。他们被"最适者生存"的字眼误导了。如果你听过他们那套，那么你可能会以为只有"最适者"才能生存，或者用平时讲话的方式说，你能生存，就说明你是"最适者"。[89]

真正读过尼采的作品的人指出，尼采对德国沙文主义有的只是鄙夷。[90] 他们指出，从尼采公认的自相矛盾中，人们可以看到德国的外交与德国军国主义之间的矛盾。[91] 认为尼采思想源于达尔文主义的趋势，让爱德华·默瑟（Edward Mercer）主教十分忧虑。他在英国的《19 世纪》杂志上撰文为达尔文辩护，强调了达尔文的道德感理论，以便将达尔文和尼采区分开来。[92] 然而，流行的说法还是风头不减，甚至一些了解德国的学者都接受了这种说法。[93]

拉尔夫·巴顿·佩里（Ralph Barton Perry）认为，必须与强力哲学进行抗争，于是他对社会达尔文主义相关的所有作品进行了猛烈抨击。伦理和社会学的达尔文化发展到高潮，产生了被认为出自冯·伯恩哈迪和尼采的各种歪理邪说，而佩里的《当今的理想冲突》（1918）便是对被达尔文化的伦理和社会学最翔实的反驳。[94] 进化的信条、达尔文 – 斯宾塞的进步观、费斯克油腔滑调的乐观主义、颉德的警告、卡弗的自然选择经济学，都没有逃脱佩里的批判。和他之前的詹姆斯一样，佩里指出了达尔文主义社会学的循环论证本质：能力和力量是由生存能力定义的，而生存又是由能力和力量解释的。根据达尔文主义观点，无论什么种类会生存下来，无论"适者"是什么，这些问题都和其他价值无关，不存在任何超出生存价值以外的价值。罗马以武力征服世界，在价值上不亚于以思想的力量征服世界的希腊，或者以宗教情感的力量征服世界的犹地亚。由于这种观点起源于生物学，所以它表现出"偏袒更粗暴的斗争的严重倾向，因为这类斗争的生物性更加无可置疑"。[95]

和平主义者也利用了针对强力哲学的批判。[96] 在诺曼·安吉尔（Norman Angell）的建议下，乔治·内史密斯（George Nasmyth）在1916 年发表了《社会进步和达尔文主义理论》，可看成社会达尔文主义在欧洲最有名的批评者克鲁泡特金和俄国社会学家雅克·诺维科（Jacques Novicow）作品的大众化。[97]诺维科指出："进化论有着重大的社会现实意义，这要求我们对它进行考察分析。然而智识界和大众观念却几乎一致地把'社会达尔文主义'当成进化论的一部分，不加反思地照单全收。"他认为，斯宾塞是罪魁祸首。社会达尔文主义最主要的生物学错误，是习惯性地忽略了物理世界，以为进步的原因不是人和环境的斗争，而是人与人之间的斗争。然而，人与人相斗，结果是一无所获。另一个错误，是错误地把"最适者"解读为最强者，甚至是最残暴者，然而对于达尔文来说，它的意思不过是最适应现有条件的。斗争也被误以为是被征服者的彻底死亡，然而这种选择因素几乎从不在人类中发挥作用。强力哲学完全忽略了互相帮助的现象。然而，互相帮助是人得以统领宇宙之根本。从广义上说，整个人类是一个联盟，所有的战争都是内战。相比之下，没有一个强力哲学家曾提倡将内战作为进步的源头。[98]

> 除了少数几本值得一提的著作以外，社会学仍然处在一片混乱的状态。生物学现象和社会现实被混淆。举一个例子，自称为社会学专家的人，即使严肃地把德法关系比作猫和老鼠的关系，也不会给他们的名声带来太大损失，不会招致太多嘲讽。[99]

对军国主义的反对也产生过一些让人唏嘘的后果，例如著名的"猴子审判"①。第一次世界大战时，生物学家弗农·凯洛格（Vernon Kellogg）在胡佛（Hoover）的领导下在比利时服役，其间认识了几名德国军官。凯洛格撰书描述了他的经历，书中写道，德国人的哲学是

---

① 约翰·T. 斯科普斯是美国田纳西州高中教师，当时，宗教影响强大的田纳西州法律禁止公立学校讲授进化论。斯科普斯因触犯这条法律坐上了被告席。布莱恩主动请缨，加入了案件公审团队。这场发生在1925年的"斯科普斯案"又称为"猴子审判"。

赤裸裸的达尔文主义，被无情地应用在了国际事务上。[100] 布莱恩读了凯洛格的书后，更加坚定了他的基督教原教旨主义信念，相信进化观点的本质是邪恶的，坚定了向它们发起圣战的决心。[101] 约翰·斯科普斯被宣判有罪，不仅是因为达尔文，部分也是因为德国人。其实在这之前，达尔文主义可能的社会后果就已经让布莱恩担忧了许多年。1905 年，当时在内布拉斯加大学教书的罗斯看到布莱恩在读《人类的由来》，那时布莱恩就告诉罗斯，这种学说将"弱化民主事业，助长上层的傲慢，巩固财富的力量"。[102] 在这点上，就像他在其他方面一样，布莱恩的直觉太准确了，就连他的理智也无法阻碍。

Social Darwinism
in
American Thought

第十章

结论

Passage 10

> 生存本身在现代被神化了，人们翻来覆去地提及赤裸裸的、抽象的生存概念，而不管生存下来的东西，除了继续生存的能力，还有没有任何实质性的优点。这着实是人类提出的最奇怪的理论创造。
>
> ——威廉·詹姆斯

在达尔文的学说中，没有任何东西能让它必然成为竞争或强力的辩词。克鲁泡特金对达尔文学说的解读和萨姆纳的同样有逻辑。沃德反对将生物学用作社会法则的来源，斯宾塞认为生物界和社会背后有相同的宇宙节奏，二者的立场也都没有什么不自然的地方。基督徒对社会理论中达尔文学说的"现实主义"的否定，和"科学学派"的残酷逻辑一样，都属于人的自然反应。达尔文的学说从一开始就有这种二元的潜力：从本质上讲，它是一个中立的工具，可以用来支持相互对立的意识形态。那么，如何解释对达尔文学说的彻底个人主义解读一直盛行，直到19世纪90年代才偃旗息鼓的现象呢？

答案是，美国社会在血腥的自然选择机制中看到了自己的形象，优势群体也因此可以把这种竞争描绘成一件好事。生存哲学似乎可以合理化不择手段的商业竞争和不讲原则的政治。只要个人奋斗和自我肯定还能激励中产阶级，这种哲学就还能被奉行下去，批评者也只会是少数。

这种社会达尔文主义若要继续生存，无限制的竞争就必须继续被广泛认可。但是，没有什么东西能比"纯粹"的竞争更不稳定了，没有什么事情能比竞争者赶上了坏运气或技艺欠佳更具有灾难性了。正如颉德预见的，"不适者"数量的不断增长，不能再协调地配合这种制度的运作了。于是，美国中产阶级抛弃了他们曾经歌颂的原则，转而开始反对无处不在的残暴竞争的丑恶画面。曾经英雄般的创业者也开始被他们讨伐，变成国家财富的掠夺者、国家道德的败坏者、咬定机会不松口的机会主义者。

这股反对的浪潮，是个人主义的社会达尔文主义批判者的第一场确凿的胜利。不过在这里也应该指出，比起在意识形态方面的胜利，政治和经济改革者的实质收获要小很多。当美国人愿意悉心聆听针对个人主义的社会达尔文主义的批判时，批判者轻而易举地戳穿了它不堪一击的逻辑结构，说服他们的听众它一直是个骇人的错误。斯宾塞以及他同时代的人自以为谱写出了命运的宏大序篇，他们的下一代却开始质疑它，对它的乏善可陈和莫名自信感到纳闷。在他们眼中——如果它曾经入过他们的眼，它不过是对一个已经死去的时代有揭示力的评述。

在个人主义的社会达尔文主义走向没落的同时，集体主义的社会达尔文主义——民族主义的或种族主义的达尔文主义——却开始壮大起来。人们逐渐认识到，达尔文主义不适用于国内经济。但与此同时，有人对它进行了一番改造，让它符合各种国际冲突的意识形态（类似的改造在欧洲已经进行了一段时间）的胃口。改革理论家先前曾经论证过，在大自然中，集体的凝聚力和团结有助于生存，个人肯定是例外而不是常情。在一个帝国摩擦的时期，没有什么东西能阻挡扩张的拥护者和军国主义的宣传家，阻止他们直接采用群体生存论据，或者把它改造成集体自信和种族命运的学说，来合理化国际竞争中的手段。过去，适者生存主要用来支持国内的商业竞争；现在，它成了为海外扩张辩白的依据。

直到第一次世界大战前，对这些信条的宣传都尚属成功。然后，相当讽刺地，世界大战让"盎格鲁－撒克逊"人对暴力感到深恶痛绝。他们转换了立场，齐声声讨敌人，指责他们是"种族主义"侵略和军国主义的唯一罪魁祸首。把德国视为军国主义思想的唯一代表的观点，虽然少了点自知之明，但是也有一定的好处。至少，它让美国人的心态发生了转变，让他们准备好否决这种思想了。自此以往，凡是社会达尔文式的军国主义，听上去都成了和德国有关的危险口径。

作为一门显性哲学的社会达尔文主义在第一次世界大战结束前便已基本销声匿迹。值得一提的是，在美国，个人主义的社会达尔文主义在 1914 年后要比起 19 世纪后几十年衰弱许多。当然，仍有相当一部分在社会中的重要位置上的人，把萨姆纳的经济学当作最后真理。虽然个人主义的社会达尔文主义在正式讨论中变得罕见，但是它还是作为政治遗产在民间流传了下来。一些社会理论难以接纳的矛盾，在民间的政治遗产中是可以被容纳的。不过，虽然个人主义的社会达尔文主义仍未彻底消失，但是可以肯定地说，民族情绪对它已经不再友好。

只要"掠夺性"仍是社会中的重要元素，[1] 社会达尔文主义——无论是个人主义的还是帝国主义的——就有可能卷土重来。生物学家将继续在科学层面评论自然选择的发展理论，但这些评论不太可能对社会思想产生影响，部分因为大众对"适者生存"已经形成了固定的看法，部分因为这些科学评论本身就专业难懂。

社会思想和社会制度之间存在一定的相互影响，这是肯定的。思想既有其原因，也有其后果。个人主义的社会达尔文主义的历史是这个规律的有力例证：要想改变社会思想结构，需要等待经济和政治环境先发生改变。思想是否会被接受，更多在于它是否符合知识的需要和有关社会利益的假设，真理性和逻辑则被考虑得更少。这是理性的社会变革谋划者必须考虑到的困难之一。

无论社会哲学在将来会朝什么方向前进，一些观点已经成为大多数人本主义者的共识："适者生存"这种生物学观念，无论在自然科学中是否有价值，对于理解社会都一文不值、毫无用途。虽然人在社会中的生活也是一种生物学事实，但是它有无法归结于生物学的特征，这些特征必须用文化分析特有的语言解释：良好的物质生活，是社会组织的结果，不能本末倒置；社会进步是技术和社会组织发展的产物，而不是繁衍或者选择性淘汰的结果；人与人之间、企业之间、国家之间竞争的价值，必须根据其社会后果而不是假设的生物学后果评判。最后，无论是在大自然中还是在自然主义的生命哲学中，都没有任何东西可以挑战对人类福祉有益的道德观。

注释

凡是参考文献中列举的书目，发表地点和时间将不在此重复。

第一章 达尔文主义的到来

1. See Francis Darwin, *The Life and Letters of Charles Darwin*, I, 51, 99.

2. On the early activities of Fiske and Youmans, see John Spencer Clark, *Life and Letters of John Fiske*, Vol. I; Ethel Fisk, *The Letters of John Fiske*; John Fiske, *Edward Livingston Youmans*.

3. Henry Fairfield Osborn, *From the Greeks to Darwin*, esp. chap. v.

4. See Arthur M. Schlesinger, "A Critical Period in American Religion, 1875 - 1900," *Proceedings*, Massachusetts Historical Society, LXIV (1932), 525 - 27.

5. Clark, *op. cit.*, I, 237.

6. *The Education of Henry Adams* (New York: Modern Library, 1931), pp. 225 - 26.

7. Emma Brace, *The Life of Charles Loring Brace* (New York, 1894), pp. 300 - 2.

8. See Bert J. Loewenberg, "The Reaction of American Scientists to Darwinism," *American Historical Review*, XXXVIII (1933), 687.

9. 一名知名进化论者，Edward Drinker Cope，支持拉马克而不是达尔文的学说。H. F. Osborn, *Cope:Master Naturalist* (Princeton, 1931). 许多生物学家被达尔文为发展学说提供的依据所折服，但对用于解释发展的自然选择理论仍抱批判态度。但是，在热门的论战中，两种观点并不总被明确地区分。

10. Agassiz, "Evolution and Permanence of Type," *Atlantic Monthly*, XXXIII (1874), 92 - 101.

11. C. F. Holder, *Louis Agassiz* (New York, 1893), p. 181; cf. also Agassiz, *op. cit.*, p. 94.

12. Le Conte, *Autobiography* (New York, 1913), p. 287. 阿加西自己也知道这一点，他曾承认："有人这么说过，我自己为演变的理论呈上了最有力的证据。" Agassiz, *op. cit.*, pp. 100 - 1.

13. Ralph Barton Perry, *The Thought and Character of William James*, I, 265 - 66. But see James's later tribute to Agassiz, *Memories and Studies* (New York, 1912).

14. "Scientific Teaching in the Colleges," *Popular Science Monthly*, XVI (1880), 558 - 59; see also the address of Professor Edward S. Morse, *Proceedings*, American Association for the Advancement of Science, XXV (1876), 140.

15. *Darwiniana*, pp. 9 - 16; see also Gray's article, "Darwin and His Reviewers," *Atlantic Monthly*, VI (1860), 406 - 25.

16. Morse, *op. cit.*; Morse's summary included the name of practically every outstanding naturalist in the country, among them E. D. Cope, Joseph Leidy, O. C. Marsh, N. S. Shaler, and Jeffries Wyman.

17. Charles Schuchert and Clara Mae Le Vene, O. C. *Marsh, Pioneer in Paleontology* (New Haven, 1940), p. 247.

18. Charles W. Eliot, "The New Education—Its Organization," *Atlantic Monthly*, XXXIII (1869), 203 - 20, 358 - 67.

19. Clark, *op. cit.*, I, 553 - 76; Fiske, *Outlines of Cosmic Philosophy*, preface, p. vii.

20. Schuchert and Le Vene, *op. cit.*, pp. 238 - 39.

21. Harris E. Starr, *William Graham Sumner*, pp. 345 - 69.

22. Henry Holt, *Garrulities of an Octogenarian Editor*, p. 49.

23. Schlesinger, *op. cit.*, pp. 528 - 30.

24. "The Scholar in Politics," *Scribner's Monthly*, VI (1873), 608.

25. Daniel C. Gilman, *The Launching of a University* (New York, 1906), pp. 22 - 23. Italics in original.

26. "Darwin on the Origin of Species," *North American Review*, XC (1860), 474 - 506; cf. also the skeptical article, "The Origin of Species," *ibid.*, XCI (1860), 528 - 38.

27. Chauncey Wright, "A Physical Theory of the Universe," *North

American Review, XCIX (1864), 6.

28. "Philosophical Biology," *North American Review,* CVII (1868), 379.

29. Charles Loring Brace, "Darwinism in Germany," *North American Review,* CX (1870), 290; Chauncey Wright, "The Genesis of Species," *ibid.,* CXIII (1871), 63 - 103; Francis Darwin, *op. cit.,* II, 325 - 26. On the significance of Wright in the evolution controversy, see Sidney Ratner, "Evolution and the Rise of the Scientific Spirit in America," *Philosophy of Science,* III (1936), 104 - 22.

30. John Fiske, *Youmans,* p. 260.

31. See Gray, *Darwiniana, passim.*

32. *Atlantic Monthly,* XXX (1872), 507 - 8.

33. *Nation,* XII (1871), 258.

34. New York *Tribune,* September 19, 21, 25, 1876; cf. *Popular Science Monthly,* X (1876), 236 - 40.

35. See his article, "Darwinism," reprinted from the *Tribune* in *Appleton Journal,* V (1871), 350 - 52.

36. *Popular Science Monthly,* IV (1874), 636.

37. "Darwinism in Literature," *Galaxy,* XV (1873), 695.

38. See "Is the Religious Want of the Age Met?" *Atlantic Monthly,* XV (1860), 358 - 64.

39. For a characteristic exposition of orthodox views, see John T. Duffield, "Evolutionism Respecting Man, and the Bible," *Princeton Review,* LIV (1878), 150 - 77.

40. See Bert J. Loewenberg, "The Controversy over Evolution in New England, 1859 - 1873," *New England Quarterly,* VIII (1935), 232 - 57.

41. See John Trowbridge, "Science from the Pulpit," *Popular Science Monthly,* VI (1875), 735 - 36.

42. "The Darwinian Theory of the Origin of Species," *New Englander,* XXVI (1867), 607.

43. Hodge, *What Is Darwinism?* p. 7.

44. See the criticism in Asa Gray's *Darwiniana.* p. 257.

45. Hodge, *op. cit.*, pp. 52 ff., 64, 71, 177.

46. Brownson, *Works* (Detroit, 1884), IX, 265, 491－93; for Brownson's writings on the conflict between religion and science, see *ibid.*, IX, 254－331, 365－565.

47. *Christianity and Positivism* (New York, 1871), pp. 42, 63－64.

48. Fiske, *op. cit.*, p. 266.

49. *Independent,* February 23; April 12; July 16, 1868.

50. "Scientific Teaching in the Colleges," *Popular Science Monthly,* XVI (1880), 558－59.

51. Bert J. Loewenberg, 在 "Darwinism Comes to America 1859－1900," *Mississippi Valley Historical Review,* XXVIII (1941), 339－68 中，将 1859 年至 1880 年视为达尔文学说的"试用期"，认为 1880 年至 1900 年间见证了美国人对达尔文学说的公开皈依。

52. Rev. J. M. Whiton, "Darwin and Darwinism," *New Englander,* XLII (1883), 63.

53. Gray, *Darwiniana,* pp. 176, 257, 269－70, *passim.*

54. *Religion and Science* (New York, 1873), pp. 12, 25－26.

55. Henry Ward Beecher, *Evolution and Religion* (New York, 1885), p. 51.

56. *Ibid.,* p. 52.

57. *Ibid.,* p. 115; see Paxton Hibben, *Henry Ward Beecher: An American Portrait* (New York, 1927), p. 340; E. L. Youmans, ed., *Herbert Spencer on the Americans and the Americans on Herbert Spencer,* p. 66.

58. Lyman Abbott, *The Theology of an Evolutionist* (Boston, 1897), pp. 31 ff.; see Beecher, *op. cit.,* pp. 90 ff.

59. "Agnosticism at Harvard," *Popular Science Monthly,* XIX (1881), 266; see also William M. Sloane, *The Life of James McCosh* (New York, 1896), p. 231.

60. Daniel Dorchester, *Christianity in the United States* (New York, 1888), p. 650.

61. A. V. G. Allen, *Phillips Brooks, 1835–1893* (New York, 1907), p. 309.

62. Beecher, *op. cit.,* p. 18.

第二章 斯宾塞旋风

1. David Duncan, *The Life and Letters of Herbert Spencer* (London, 1908), p. 128.

2. Spencer, wrote William James, "is the philosopher whom those who have no other philosopher can appreciate." *Memories and Studies*, p. 126.

3. M. De Wolfe Howe, ed., *Holmes-Pollock Letters* (Cambridge, 1941), I, 57 – 58. "Spencer," wrote Parrington, "laid out the broad highway over which American thought traveled in the later years of the century." *Main Currents in American Thought*, III, 198.

4. Duncan, *op. cit.*, pp. 100 – 1; Fisk, *The Letters of John Fiske, passim.*

5. Fiske, *Edward Livingston Youmans*, pp. 199 – 200. Later sales were remunerative even in England. New York *Tribune*, December 9, 1903.

6. *Atlantic Monthly*, XIV (1864), 775 – 76.

7. "He has so thoroughly imposed his idea," wrote John Dewey, "that even non–Spencerians must talk in his terms and adjust their problems to his statements." *Characters and Events*, I, 59 – 60.

8. Charles H. Cooley, "Reflections upon the Sociology of Herbert Spencer," *American Journal of Sociology*, XXVI (1920), 129. The American sociologists, Lester Ward believed as late as 1898, are "virtually disciples of Spencer." *Outlines of Sociology*, p. 192.

9. *Garrulities of an Octogenarian Editor*, p. 298. See also New York *Tribune*, December 9, 1903.

10. *Myself* (New York, 1934), p. 8.

11. Herbert Spencer, *Autobiography*, II, 113 n. The figure includes only authorized editions. Before international copyright became effective, many volumes were printed without authorization.

12. *Nation*, XXXVIII (1884), 323; see also "Another Spencer Crusher," *Popular Science Monthly*, IV (1874), 621 – 24. A bibliography of critical writings on Spencer is contained in J. Rumney, *Herbert Spencer's Sociology*, pp. 325 – 51.

13. "无论探讨什么话题，无论这个话题看上去和哲学有多么遥远，我好像都能找到机会，谈到自然秩序中的某种终极原则。" Spencer, *Autobiography*，II，5. 关于斯宾塞的哲学和他的社会偏见之间的关系，参阅 John Dewey 精辟的文章，"Herbert Spencer," in *Characters and Events*，I，45‑62。

14. 斯宾塞自己的定义："进化是物质和伴随着运动的消散的统一；在进化过程中，物质从不确定的和无条理的同质性转变到明确而凝聚的异质性；同时，所保持的运动经历着相同的改造。" *First Principles*（4th Amer. ed.，1900），p.407. [中文引自《斯宾塞教育论著选》，胡毅/王承绪译，北京：人民教育出版社，2005，第 155 页——译者注]

15. "The Instability of the Homogeneous," *ibid.*, Part II, chap. xix.

16. *Ibid.*, pp. 340‑71.

17. *Ibid.*, p. 496.

18. *Ibid.*, p. 530.

19. *Ibid.*, pp. 99, 103‑4.

20. Emma Brace, ed., *The Life of Charles Loring Brace,* p. 417; cf. Lyman Abbott, *The Theology of an Evolutionist,* pp. 29‑30.

21. Daniel Dorchester, *Christianity in the United States,* p. 660.

22. Quoted from *The Joyful Wisdom,* in Crane Brinton, *Nietzsche* (Cambridge, 1941), p. 147.

23. *Life and Letters,* I, 68. See also *The Origin of Species,* chap. iii.

24. *My Life* (New York, 1905), pp. 232, 361.

25. "A Theory of Population, Deduced from the General Law of Animal Fertility," *Westminster Review,* LVII (1852), 468‑501, esp. 499‑500; "The Development Hypothesis," reprinted in *Essays* (New York, 1907), I, 1‑7; see *Autobiography,* 450‑51.

26. See the controversy with Weismann in Duncan, *op. cit.*, pp. 342‑52.

27. *Social Statics,* pp. 79‑80.

28. *Ibid.*, pp. 414‑15.

29. *Ibid., pp.* 325‑444.

30. "The Relations of Biology, Psychology, and Sociology," *Popular*

Science，L（1896），163‑71. 在这篇文章中，针对自己的社会学过于依赖生物学的批评，斯宾塞为自己进行了辩护，指出自己也一直大量使用心理学。在一篇为自己的伦理写作进行辩护的文章中，他辩驳道，自己并没有神化生存斗争。

31. Duncan, *op. cit.,* p. 366.

32. "A Society Is an Organism," *The Principles of Sociology* (3rd ed., New York, 1925), Part II, chap. ii. For an excellent critique of Spencer's organismic theory see J. Rumney, *op. cit.,* chap. ii.

33. 斯宾塞的社会有机体理论并不完全自洽。Ernest Barker 指出，他无法克服个人主义伦理观和社会有机体论之间的对立，Barker, *Political Thought in England*，pp.85‑132。斯宾塞的原子论应该是源自他个人主义的一面，在这一方面,《社会静力学》和《社会学研究》最清晰地表达了他的原子论：社会是其个体成员的总和，社会的品性是个体品性的聚合体。*Social Statics*，pp.28‑29；*The Study of Sociology*，pp.48‑51. 但另一方面，在《社会学原理》中，斯宾塞却说在社会有机体中会诞生"一个整体的生命，它虽然是其组成单位产生的，但和组成单位的生命相当不同"（3rd ed., I, 457）。斯宾塞笔下的伦理标准也有这种二元性，它们有时是与人无关的进化需要决定的，有时是个人享乐主义决定的。Cf. A. K. Rogers，*English and American Philosophy Since 1800*，pp.154‑57.

34. *The Principles of Sociology,* II, 240‑41.

35. *Ibid.,* Part V, chap. xvii.

36. The idea of the transition from militant to industrial society had greater plausibility in the period of the Pax Britannica. *Ibid.,* II, 620‑28.

37. *Ibid.,* Part V, chap, xviii, "The Industrial Type of Society"; cf. *The Principles of Ethics,* Vol. II, chap. xii.

38. *Principles of Sociology,* II, 605‑10; see also *Principles of Ethics,* I, 189.

39. Cooley, *op. cit.,* pp. 129‑45.

40. *The Study of Sociology,* chap. i.

41. *Ibid.,* pp. 70‑71.

42. Duncan, *op. cit.,* p. 367.

43. Spencer, *op. cit.*, pp. 401‒2.

44. *Ibid.*, pp. 543‒46.

45. 一名社会学家在 1896 年写道："如果'行业巨头'没有好战精神，那才是件怪事呢。他能够不断攀升，主要原因就是他比大多数人更优秀。商业竞争不是安逸的温室，而是战场，'生存斗争'决定了工业中'最适者生存'。在这个国家，最伟大的奖赏不在国会，不在文学中，不在法律领域，不在医学中，而是在工业。成功人士因为成功享受褒誉。社会用权力、用表扬、用奢华奖赏商业成功，这丰厚的奖赏可以吸引最富有智慧的人。对于能力超群的人，制造商和商人的事业与他们过人的精力相得益彰。这些事业的危险对热爱冒险、充满发明创造的心灵很有魅力。从这种激烈却无声的比拼中，发展出了一种独特的男性气概，它的特点是活力、能量、专注、为了目标集结多方力量的能力，和对社会事件的后果的准确预判。" C. R. Henderson, "Business Men and Social Theorists," *American Journal of Sociology*, I（1896）, 385‒86.

46. *My Memories of Eighty Years* (New York, 1922), pp. 383‒84.

47. *Highways of Progress* (New York, 1910), p. 126; cf. also p. 137.

48. Quoted in William J. Ghent, *Our Benevolent Feudalism,* p. 29.

49. *Autobiography of Andrew Carnegie* (Boston, 1920), p. 327.

50. "Wealth," *North American Review,* CXLVIII (1889), 655‒57.

51. Allan Nevins, ed., *Selected Writings of Abram S. Hewitt* (New York, 1910), p. 277.

52. Lochner *v.* New York, 198 U.S. 45 (1905).

53. Youmans, "The Recent Strike," *Popular Science Monthly,* III (1872), 623‒24. See also R. G. Eccles, "The Labor Question," *ibid.*, XI (1877), 606‒11; *Appleton's Journal,* N. S., V (1878), 473‒75.

54. "The Social Science Association," *Popular Science Monthly,* V (1874), 267‒69. See also *ibid.*, VII (1875), 365‒67.

55. "On the Scientific Study of Human Nature," reprinted in Fiske, *op. cit.*, p. 482. For other statements of the conservative Spencerian viewpoint, see Erastus B. Bigelow, "The Relations of Capital and Labor," *Atlantic Monthly,* XLII (1878), 475‒87; G. F. Parsons, "The Labor Question," *ibid.*, LVIII (1886), 97‒113.

Also "Editor's Table," *Appleton's Journal,* N. S., V (1878), 473 – 75.

56. Henry George, *A Perplexed Philosopher*, pp.163 – 64 n. 费斯克和尤曼斯一样都是保守派, 但他没有尤曼斯那么担心激进主义对美国的威胁。Fiske, *op.cit.*, pp.381 – 82 n. 若想了解一名完完全全受斯宾塞影响的美国思想家的社会观, 参阅 Henry Holt, *The Civic Relations* (Boston, 1907), 以及 *Garrulities of an Octogenarian Editor*, pp.374 – 88。

57. Duncan, *op. cit.*, p. 225.

58. Youmans, ed., *Herbert Spencer on the Americans,* pp. 9 – 20.

59. *Ibid.*, pp. 19 – 20. See *Nation*, XXXV (1882), 348 49.

60. Spencer, *Autobiography*, p. 479.

61. Burton J. Hendrick, *The Life of Andrew Carnegie* (New York, 1932), I, 240.

62. *Ibid.,* Vol. II, chap. xii.

63. W. H. Hudson, "Herbert Spencer," *North American Review,* CLXXVIII (1904), 1 – 9.

64. *Catholic World*, cited in *Current Opinion,* LXIII (1917), 263.

65. These essays were republished in book form in 1916 as *The Man Versus the State,* edited by Truxton Beale.

66. *Ibid.*, p. ix. See comment in *Nation,* CI (1915), 538. Albert Jay Nock published in 1940, as a critique of the New Deal, a volume of Spencer's essays under the same title as Beale's edition.

67. See Thomas C. Cochran, "The Faith of Our Fathers," *Frontiers of Democracy,* VI (1939), 17 – 19.

68. Robert S. and Helen M. Lynd, *Middletown in Transition* (New York, 1937), P. 500.

第三章　威廉·萨姆纳: 社会达尔文主义者

1. Charles Page, *Class and American Sociology*, pp.74, 103. 作者强调, 新教的经济伦理观是萨姆纳思想的重要组成部分。Ralph H. Gabriel 则指出了新教经济伦理观在萨姆纳的时代在整个美国思想中的重要性, 参阅 *The Course of American Democratic Thought*, pp.147 – 60。萨姆纳

本人的写作中也有体现这一传统的片段，参阅 *Essays of William Graham Sumner*，edited by A. G. Keller and M. R. Davie，II，22 ff.；*The Challenge of Facts and Other Essays*，pp.52，67。

2. *Essays,* II, 22.

3. *Earth-Hunger and Other Essays,* p. 3.

4. *Illustrations of Political Economy* (London, 1834), III, Part 1, 134－35, and Part II, 130－31; VI, Part I, 140, and Part II, 143－44.

5. *The Challenge of Facts,* p. 5.

6. Harris E. Starr, *William Graham Sumner,* pp. 47－48.

7. Cf. Albert Galloway Keller's discussion of Sumner's influence in "The Discoverer of the Forgotten Man," *American Mercury,* XXVII (1932), 257－70.

8. William Lyon Phelps, "When Yale Was Given to Sumnerology," *Literary Digest International Book Review,* III (1925), 661－63.

9. *Ibid.,* p. 661.

10. Starr, *op. cit.,* p. 322.

11. Cf. *What Social Classes Owe to Each Other,* pp. 155－56.

12. 参阅 *The Science of Society*，I，xxxiii 前言。萨姆纳未能在生前完成这部作品，由他的弟子凯勒续写补全，1927 年由 Yale University Press 分四卷发行。

13. 参阅萨姆纳自传性的片段，*The Challenge of Facts*，p.9。凯勒对影响萨姆纳社会学最深的人进行了排序，他认为排名第一的是斯宾塞，排名第二的是朱利叶斯·李波特（Julius Lippert），排名第三的是古斯塔夫·拉岑霍费尔（Gustav Ratzenhofer），"William Graham Sumner," *American Journal of Sociology*，XV（1910），832－35。李波特是一名德国文化历史学家，他使用的方法和《民宿论》十分相似，参阅他的 *Kulturgeschichte der Menschenheit*（1886），1931 年由 George Murdock 翻译成英文，题为 *The Evolution of Culture*。拉岑霍费尔是冲突学派的德国社会学家。当然，萨姆纳对斯宾塞也不是不加批判地全盘接受。例如，斯宾塞将进化等同于进步，萨姆纳则不然；萨姆纳也没有斯宾塞那样的乐观主义。萨姆纳关于政府职能制约（the proper limitations of government）的观点也没有斯宾塞那么极端。Cf. Starr，*op.cit.*，pp.292－93. 萨姆纳的新古典自由主义倾向更弱，他理解工业社会对个人自由的制约。*Essays*，I，310 ff. 最后，他的伦理相对主义也有别于斯宾塞的伦理理论。从斯宾塞的角度看，萨姆纳对自由放任和财产权的捍卫赢得了斯宾塞的好感，他曾经向英国自由与财产防卫联盟（Liberty and Property Defense League）推荐发表《论社会阶级间彼此的义务》，Starr，*op.cit.*，pp.503 - 5。

14. *Science of Society*，chap.i；亦可参阅 "Earth-Hunger" 一文。这一观念的主要元素和工资基金说类似，可以追溯到马蒂诺对萨姆纳早年的影响。

15. *What Social Classes Owe to Each Other*，p.17；p.70."自然完全中立，不偏不倚；她臣服于最精力旺盛、最持之以恒地向她发起进攻的人。她只奖励最适者……不把任何其他方面纳入考虑范围。人能从大自然中获取的自由，与他的能力和作为是完全相匹配的。"*The Challenge of Facts*，p.25.

16. *What Social Classes Owe to Each Other*，p. 76.

17. 萨姆纳有时会区分两种斗争，一种是人与自然的"生存斗争"，一种是人与人之间的"生活竞争"，后者完全是在社会层面上的，人与人为了与自然作斗争集结成群，然后这些群体间相互角逐。Cf. *Folkways*，pp.16 - 17，and *Essays*，I，142 ff.

18. *Essays*, II, 56.

19. *The Challenge of Facts*, p. 68.

20. *Ibid.*, pp. 40, 145 - 50; *Essays*, I, 231.

21. *The Challenge of Facts*, pp. 43 - 44.

22. *What Social Classes Owe to Each Other*, p. 73.

23. *Essays*, I, 289.

24. *What Social Classes Owe to Each Other*, pp. 54 - 56.

25. *The Challenge of Facts*, p. 90.

26. *The Science of Society*, I, 615. Cf. also p. 328,萨姆纳在此反对了公有经济，因为它剥夺了变异的可能性，"而变异是新的适应的开端。"萨姆纳认为，大众不会改变，没有能力产生社会进步。变异主要源自上层阶级。*Folkways*, pp. 45 - 47.

27. *The Challenge of Facts*, p. 67.

28. *What Social Classes Owe to Each Other*, p. 135.

29. *Folkways*, p. 48.

30. *Essays*, I, 358 – 62.

31. *Ibid.*, I, 86 – 87.

32. *Earth Hunger*, pp. 283 – 317.

33. *Essays*, I, 185.

34. *Ibid.*, I, 104.

35. *Ibid.*, II, 165.

36. 参阅 "Advancing Organization in America," *ibid.*, II, 34c ff., 尤其是 349 – 50。萨姆纳提到了边陲对美国独特的历史发展的影响，这些片段中似乎预示了特纳的理论。关于萨姆纳的民主观点的讨论，参阅 Gabriel, *op.cit.*, chap, xix, Harry Elmer Barnes, "Two Representative Contributions of Sociology to Political Theory: The Doctrines of William Graham Sumner and Lester Frank Ward," *American Journal of Sociology*, XXV (1919), 1 – 23, 150 – 70。

37. "The Absurd Effort to Make the World Over," in *Essays*, I, 105.

38. *Ibid.*, II, 215.

39. See "Reply to a Socialist," in *The Challenge of Facts*, pp. 58, 219; on the ineffectiveness of reform legislation, see *War and Other Essays*, pp. 208 – 310; *Earth-Hunger*, pp. 283 ff.; and *What Social Classes Owe to Each Other*, pp. 160 – 61.

40. *The Challenge of Facts*, p. 57.

41. *Essays*, I, 109.

42. *What Social Classes Owe to Each Other*, p. 101.

43. *Essays*, II, 249 – 53, 255.

44. *Ibid.*, II, 67 – 76.

45. *The Challenge of Facts*, pp. 27–28.

46. *Ibid.*, p. 99; *What Social Classes Owe to Each Other*, pp. 90 – 95.

47. *Essays*, II, 366.

48. *Ibid.*, II, 435.

49. Starr, *op. cit.*, pp. 285 – 88; cf. *What Social Classes Owe to Each*

Other, p. 146.

50. *The Goose-Step* (Pasadena, 1924), p. 123.

51. Starr, *op. cit.,* pp. 258, 297.

52. See the essays on democracy and plutocracy in *Essays,* II, 213 ff.

53. *Ibid.,* II, 236 – 37.

54. "The Forgotten Man," *ibid.,* 1,466 – 96; cf. also *What Social Classes Owe to Each Other, passim.*

55. *The Challenge of Facts,* p. 74.

56. Starr, *op. cit.,* p. 275.

57. Phelps, *op. cit.,* p. 662.

58. Quoted in Starr, *op. cit.,* pp. 300 – 1.

59. For evidence that this aspect of Sumner's thought is by no means dead, however, see some of the comments in *Sumner Today* (New Haven, 1940), ed. Maurice R. Davie.

60. *Folkways,* pp. 4, 29.

61. Cf. the review of *Folkways* by George Vincent in *American Journal of Sociology,* XIII (1907), 414 – 19; also John Chamberlain, "Sumner's Folkways," *New Republic,* IC (1939), 95.

第四章　莱斯特·沃德：批判者

1. See the discussion of Comte in Ludwig Gumplowicz, *The Outlines of Sociology,* pp. 28 – 29.

2. Cited in Edward A. Ross, *Foundations of Sociology,* p. 48.

3. *Dynamic Sociology,* I, 6; cf. pp. 142 – 44. See also *The Psychic Factors of Civilization,* p. 2.

4. *Glimpses of the Cosmos,* I, xx–xxi; VI, 143.

5. Biographical material on Ward may be found in Emily Palmer Cape, *Lester F. Ward*; Bernhard J. Stern, *Young Ward's Diary*; and scattered throughout the six volumes of *Glimpses of the Cosmos.*

6. See George A. Lundberg, *et al., Trends in American Sociology,* chap. i.

7. Howard W. Odum, ed., *American Masters of Social Science* (New York,

1927), p. 95.

8. On the neglect of Ward, see Samuel Chugerman, *Lester Ward, The American Aristotle* (Durham, 1939), chap. iii.

9. Richard T. Ely to Ward, November 22, 1887, Ward MSS, Autograph Letters, II, 35; Ely to Ward, July 30, 1890, *ibid.*, III, 48; "The Letters of Albion W. Small to Lester F. Ward," Bernhard J. Stem, ed., *Social Forces,* XII (1933), 164‒65.

10. See "Broadening the Way to Success," *Forum,* II (1886), 340‒50; "The Use and Abuse of Wealth," *ibid.*, III (1887), 364‒72; "Plutocracy and Paternalism," *ibid.*, XX (1895), 300‒10. The Ward MSS have much unique material which sheds light on the range of Ward's influence.

11. See the autobiographical remarks in *Applied Sociology,* pp. 105‒6, 127‒28.

12. *Glimpses,* II, 164‒71.

13. *Ibid.,* II, 336‒37.

14. *Ibid.,* II, 342‒45.

15. *Ibid.,* p. 352.

16. *Glimpses,* III, 45‒47; see also VI, 58‒63.

17. *Ibid.,* IV, 350‒63; cf. *The Psychic Factors of Civilization,* chap, xxxiii; *Pure Sociology,* p. 16. 关于竞争对人类事务没有价值的观点，和人类进化特有的理性特征，沃德的朋友，Major John W. Powell，美国民族学局首位局长和他有类似观点。See Powell's "Competition as a Factor in Human Evolution." *The American Anthropologist,* I (1888), 297‒323; and "Three Methods of Evolution," *Bulletin,* Philosophical Society of Washington, VI (1884), xlvii‒lii.

18. *Dynamic Sociology,* I, v‒vi.

19. *Ibid.,* I, 468.

20. *Ibid.,* I, 15‒16, 29‒30.

21. *Ibid.,* I, 706.

22. *Ibid.,* II, chaps, ix‒xii.

23. *Dynamic Sociology,* II, 539.

24. Ward's views on education are discussed fully by Elsa P. Kimball in *Sociology and Education.*

25. See *Glimpses*, III, 147 – 48.

26. *Ibid.*, IV, 246 – 52; see also Ward's discussion of Lamarck and neo‒Darwinism, *ibid.*, IV, 253 – 95.

27. *Pure Sociology,* p. 204.

28. *Ibid.*, p. 204.

29. *Ibid.*, pp. 237 – 40.

30. *Ibid.*, pp. 215 16.

31. Bernhard J. Stern, ed., "The Letters of Ludwig Gumplowicz to Lester F, Ward," *Sociologus,* I (1933), 3 – 4.

32. *The Psychic Factors of Civilization,* chap. xi; *Outlines of Sociology,* p. 27.

33. *The Psychic Factors of Civilization,* pp. 134 – 35.

34. *Glimpses,* III, 303 – 4. See also Ward's review of Giddings' *Principles of Sociology, ibid.,* V, 282 – 305.

35. *Ibid.*, V, 38 – 66.

36. *Outlines of Sociology,* p. 61; see "Herbert Spencer's Sociology" in *Glimpses,* VI, 169 – 77.

37. *The Psychic Factors of Civilization,* pp. 298 – 99.

38. *Ibid.*, p. 100.

39. See "Politico‒Social Functions," in *Glimpses,* II, 336 – 48.

40. *Dynamic Sociology* II, 576 – 83.

41. *Ibid.*, I, 104, 137, 50.

42. Stern, ed., *op. cit.,* XV (1937), 318, 320; "The Ward‒Ross Correspondence, 1891 – 1896," *American Sociological Review,* III (1938), 399.

43. "Social Darwinism," *American Journal of Sociology,* XII (1907), 710.

44. *Applied Sociology,* chap, xiii; *Outlines of Sociology,* pp. 273 ff., 292 – 93; *The Psychic Factors of Civilization,* chap, xxxviii.

45. *Outlines of Sociology,* p. 293.

46. Stem, ed., *op. cit.,* XV, 313.

第五章　进化、伦理与社会

1. See Robert H. Lowie, *The History of Ethnological Theory,* pp. 20 ff.

2. *Democracy* (New York, 1925), p. 78.

3. *The Principles of Sociology,* II, 240‒41. An interesting offshoot of the conflict emphasis was John Stahl Patterson's anonymously published *Conflict in Nature and Life* (New York, 1883).

4. Emma Brace, *Charles Loring Brace,* p. 365.

5. "What Morality Have We Left?" *North American Review,* CXXXII (1881), 504.

6. Quoted in Joseph Dorfman, *Thorstein Veblen and His America,* p. 46

7. "The Prospect of a Moral Interregnum," *Atlantic Monthly,* XLIII (1879), 629‒42, esp. 636.

8. "Malthusianism, Darwinism, and Pessimism," *North American Review,* CXXIX (1879), 447‒72. Bowen 并不质疑上层阶级在某种层面是"适者"的社会达尔文主义的假定。

9. M. A. Hardaker, "A Study in Sociology," *Atlantic Monthly, L* (1882), 214‒20.

10. *A Traveler from Altruria* (New York, 1894), pp. 12‒13.

11. Titus M. Coan, "Zealot and Student," *Galaxy,* XX (1875), 177, 183; G. C. Eggleston, "Is the World Overcrowded?" *Appeton's Journal,* XIV (1875), 530‒33; N. S. Shaler, "The Uses of Numbers in Society," *Atlantic Monthly,* XLIV (1879), 321‒33.

12. *The Descent of Man* (London, 1874), pp. 151‒52.

13. *Ibid.,* pp. 706‒7. See Geoffrey West, *Charles Darwin* (New Haven, 1938), pp. 327‒28.

14. *The Descent of Man,* chaps, iv, v. A good study of Darwin's views on the role of mutual aid and moral law in human progress may be found in George Nasmyth, *Social Progress and the Darwinian Theory,* chap. ix.

15. *Mutual Aid* (New York, 1902), chap. i.

16. W. Bagehot, *Physics and Politics, passim,* esp. pp. 24, 36‒37, 40‒43, 64.

17. *The Meaning of Infancy*（1883）; *Outlines of Cosmic Philosophy*（13th ed., 1892）, II, 342 ff. 对比费斯克的热度和 Jacob Gould Schurman 的 *The Ethical Import of Darwinism* 便可以看出，学术风向在坚定地朝着进化主义的方向吹。Schurman 是康奈尔大学哲学教授，他试着展示，从逻辑上讲，达尔文学说并没有破坏传统的行为规范，因为后者扎根在比自然进化更广泛的传统中。Schurman 尝试将达尔文放在历史框架中，并指出，他的理论和功利主义与马尔萨斯均有逻辑上的相似性。Shurman 从达尔文作品中选了些意思的片段作为依据，并论证说，达尔文的自然选择学说完全建立在功利主义预设的基础上，即"有用者"（uscful）生存，或者用达尔文的话说，有机体中"有利的"（profitable）变异。Shurman 反对伦理进化主义者的倾向，即因为自然选择基于有用性（utility），所以道德也完全在于有用性。他的结论是，道德唯一坚实的基础是直觉。*The Ethical Import of Darwinism*, pp.116 ff., 141‑60, *passim*. 对斯宾塞伦理的理想主义攻击，参阅 James Thompson Bixby, *The Ethics of Evolution*（New York, 1891）。关于进化论和伦理学的全面文献综述，参阅 C. M. Williams, *A Review of the Systems of Ethics Founded on the Theory of Evolution*（New York, 1893）。

18. *Evolution and Ethics and Other Essays* (1920), pp. 36‑37.

19. *Evolution and Ethics and Other Essays,* pp. 44‑45. The main essay is on pp. 46‑116; the argument of the essay is expanded in a "Prolegomena," on pp. 1‑45.

20. *The Ascent of Man,* p. 36.

21. *Ibid.,* p. 211.

22. *Mutual Aid,* pp. 74‑75.

23. See Benjamin Kidd, *Social Evolution,* pp. 72‑73.

24. *Ibid.,* pp. 36‑37.

25. *Ibid.,* p. 68.

26. *Ibid.,* chap. iv.

27. *Ibid.,* chap. viii.

28. Albion W. Small, in Stern, ed., *op. cit.,* XII, 170.

29. "Mr. Kidd's Social Evolution," *American Journal of Sociology,* I (1895), 311‑12.

30. "Kidd's Social Evolution," *North American Review,* CLXI (1895), 94–109.

31. *Aristocracy and Evolution* (London, 1898), *passim.*

32. 德拉蒙德和克鲁泡特金也知悉他们之间的契合。德拉蒙德认可了费斯克和克鲁泡特金对他的启发，*Ascent of Man*，pp.239–40，282–83。克鲁泡特金也提到了吉丁斯的"同类意识"原则，*Mutual Aid*，p.xviii。

第六章 反对之声

1. 本章更侧重于城市运动和思想家，但不希望因此弱化了农民抗议在美国激进主义中的重要地位。但是，有组织的草根运动对系统性的社会理论兴趣并不大。

2. 有关社会福音运动的历史和意识形态，笔者尤其感谢 Charles Howard Hopkins，*The Rise of the Social Gospel in American Protestantism, 1865–1915*。亦可参阅 James Dombrowski，*The Early Days of Christian Socialism in America*，这本著作（第一章）包含对社会福音运动意识形态的分析。信息丰富的近期讨论，参阅 Nicholas Paine Gilman，*Socialism and the American Spirit*（London，1893）。

3. Rauschenbusch, *Christianizing the Social Order,* p. 9.

4. *Ibid.,* p. 90.

5. See George Herron, *Between Caesar and Jesus* (New York, 1899), pp. 45 ff.

6. *Christianity and Social Problems* (Boston, 1896), p. 133.

7. Behrends, *Socialism and Christianity,* p. 6. See also Lyman Abbott, *op. cit.,* p. 120; Gladden, *Social Facts and Forces* (New York, 1897), p. 2; *Tools and the Man* (Boston, 1893), p. 3; Josiah Strong, *The Next Great Awakening* (New York, 1902), pp. 171–72.

8. Behrends, *op. cit.,* pp. 64–66.

9. *Applied Christianity,* pp. 104–5; cf. pp. 111–12, 130. 格拉登相信，基督教宗教观的目的就是抵消最适者生存导致的恶果。Gladden, *Tools and the Man,* pp. 275–78.

10. *Ibid.,* p. 36.

11. *Ibid.,* p. 176; cf. pp. 270, 287–88. See also *Ruling Ideas of the Present*

Age (Boston, 1895), pp. 63 ff., 73 – 74, 107; *Social Facts and Forces,* pp. 93, 220; *Recollections* (Boston, 1909), p. 419.

12. *The Christian Society* (New York, 1894), pp. 103, 108 – 9.

13. *The Christian State* (New York, 1895), p. 88; *The New Redemption* (New York, 1893), pp. 16 – 17. For the attitude of Rauschenbusch toward competition, see *Christianity and the Social Crisis,* pp. 308 ff., and *Christianizing the Social Order, passim.*

14. *The New Redemption,* p. 30.

15. See Gladden, *Ruling Ideas of the Present Age,* p. 107; *Tools and the Man,* p. 176; Herron, *The Christian State,* p. 88; Josiah Strong, *op. cit.,* pp. 171 – 72.

16. See *The Science of Political Economy* (New York, 1897), pp. 402 – 3.

17. *Progress and Poverty* (New York, 1879), p. 104.

18. *Progress and Poverty,* pp. 342 – 43.

19. *Ibid.,* pp. 344 – 49.

20. *Ibid.,* p. 349 – 90.

21. *A Perplexed Philosopher,* p. 87. See Henry George, Jr., *The Life of Henry George,* pp. 369 – 70, 420, 568 ff.

22. *Looking Backward* (1889), pp. 60 – 61.

23. *Ibid.,* p. 244. A more detailed analysis of nineteenth–century capitalism was presented by Bellamy in his *Equality.*

24. *Nationalist,* I (1889), inside cover page.

25. *Edward Bellamy Speaks Again!* pp. 34 – 35.

26. See *Nationalist,* I (1889), 55 – 57; II (1890), 61 – 63, 135 – 38, 155 – 62.

27. Ward, *Glimpses,* IV, 346. See the letter from M. A. Clancy, secretary of the Nationalist Club of Washington, to Ward, February 23, 1889, Ward MSS, Autograph Letters, III, 18.

28. *The Cooperative Commonwealth,* pp. 40, 77 – 83, 88.

29. *Our Destiny,* pp. 13 – 14, 18 – 22, 36 – 37, 73, 86 – 95, 113 – 14; cf. *The Coöperative Commonwealth,* pp. 171 – 72, 179, 220. 在接下来的一本书

中，Gronlund 审视了布莱恩在总统竞选中的错误，重申了集体化和托拉斯化的好处。*The New Economy, passim.*

30. *The Correspondence of Marx and Engels* (New York, 1935), pp. 125–26.

31. See the preface to Lewis' *Ten Blind Leaders of the Blind* (Chicago, 1909), P. 3.

32. Raphael Buck, "Natural Selection Under Socialism," *International Socialist Review,* II (1902), 790. See also Robert Rives La Monte, "Science and Socialism," *ibid.,* I (1900), 160–73; Herman Whitaker, "Weismannism and Its Relation to Socialism," *ibid.,* I (1901), 513–23; J. W. Sumners, "Socialism and Science," *ibid.,* II (1902), 740–48; A. M. Simons, "Kropotkin's 'Mutual Aid,'" *ibid.,* III (1903), 344–49.

33. Robert Rives La Monte, *Socialism, Positive and Negative* (Chicago, 1902), pp. 18–19; A. M. Lewis, *An Introduction to Sociology,* pp. 173–87.

34. See A. M. Lewis, *Evolution, Social and Organic,* chaps. vii and ix. Socialist intellectuals in this country and in Europe drew heavily upon Enrico Ferri's *Socialism and Modern Science.* See also Ernest Untermann, *Science and Revolution* (Chicago, 1905), chap. xv. Cf. A. M. Lewis, *op. cit.,* chap, vii, "A Reply to Haeckel." See also Anton Pannekoek, *Marxism and Darwinism* (Chicago, 1912).

35. Lewis, *op. cit.,* pp. 60–80, esp. p. 78. See also, Herman Whittaker, *op. cit.*

36. Lewis, *op. cit.,* pp. 81–96, esp. pp. 93–95; W. J. Ghent, *Socialism and Success* (New York, 1910), pp. 47–49.

37. Lewis, *op. cit.,* pp. 97–114, 168–82. Cf. *An Introduction to Sociology, passim.*

38. *The Larger Aspects of Socialism,* p. 86. For the whole of Walling's arguments on these points see chaps, i–iv.

39. The most acute early diagnosis of this change was W. J. Ghent's *Our Benevolent Feudalism.*

40. *Wealth Against Commonwealth,* pp. 494–95.

41. See above, Chapter 4, note 17.

42. *The New Freedom* (New York, 1914), p. 15.

43. *The New Democracy,* pp. 49‑50.

44. "Shall We Abandon the Policy of Competition?" reprinted in *The Curse of Bigness,* p. 104.

45. 针对假借科学为淘汰不适者打掩护的行为，杰出社会工作者 Charlotte Perkins Gilman 表达了人本主义的不满：

"然后科学一本正经地到来，亮出它的社会法则，

"跟我们解释，穷人之所以穷，完全是因为自然。

"'无论高低贵贱，一样都斗争都奋斗，这是自然。'

"'差劲的死掉，优秀的存活，这是自然。'

"我们全盘接受这种舒缓的说法，那个心旷神怡，

"我们轻信只要我们足够严厉，穷人很快就能死掉。

"可是，哎！不过我们怎么压榨、剥削、搜刮他们都是徒劳——

"我们含辛茹苦地劳作，却仍无法把他们统统杀掉！

"我们越是斗争，他们就越是生存、增长、倍增！

"虽然那么多人死了，可活着的穷人却更多！

"每当我出门散步，看到的穷人总是那么多！

"回到家不禁感慨，上帝啊！这一切结束还要多久！"

In This Our World（Boston，1893），pp.201‑2.

46. See the dissenting opinion, Plant *v.* Woods, 176 Mass. 492 (1900), quoted in *Representative Opinions of Mr. Justice Holmes* (New York, 1931), p. 316.

47. *Drift and Mastery,* p. 267; cf. Wilson, *op. cit.,* p. 20.

48. 值得一提的是，威尔逊是用社会有机体来合法化宪法框架内的政府干预的："在'发展'和'进化'成了科学的关键词的时代，进步主义者要求或者期望的，不外乎是根据达尔文的法则解释宪法；他们所要求的，不外乎是认可国家是生命体而不是机器的事实。" Wilson, *op.cit.,* pp.44‑48. 威尔逊的 *The State*（Boston，1889）中也充斥着达尔文主义概念。

49. For a graphic presentation of the magnitude of the state apparatus of the 1930's, see Louis M. Hacker, *American Problems of Today* (New York, 1938), pp. 276 - 81.

50. Quoted in Ralph H. Gabriel, *The Course of American Democratic Thought,* p. 306, from Henry A. Wallace, *Statesmanship and Religion* (1934).

第七章　实用主义的浪潮

1. For an account of the social teachings of Harris, see Merle Curti, *The Social Ideas of American Educators,* chap. ix.

2. See John Dewey, *Experience and Nature* (Chicago, 1926), pp. 282 - 83.

3. "There can be little doubt," writes Morris R. Cohen, "that Peirce was led to the formulation of the principle of pragmatism through the influence of Chauncey Wright." Charles Peirce, *Chance, Love, and Logic,* pp. xviii - xix. On Wright see Gail Kennedy, "The Pragmatic Naturalism of Chauncey Wright," *Columbia University Studies in the History of Ideas,* III (1935), 477 - 503; Ralph Barton Perry, *The Thought and Character of William James,* I, chap, xxxi; William James, "Chauncey Wright," in *Collected Essays and Reviews,* pp. 20 - 25; Sidney Ratner, "Evolution and the Rise of the Scientific Spirit in America," *Philosophy of Science,* III, 104 - 22. Wright's most significant essays have been collected by Charles Eliot Norton in *Philosophical Discussions.*

4. *Philosophical Discussions,* p. 56.

5. The clearest interpretation of Wright's view is that of Morris R. Cohen in *The Cambridge History of American Literature* (New York, 1917 - 23), III, 236.

6. Peirce, *op. cit.,* p. 190.

7. *Ibid.,* p. 162.

8. *Ibid.,* pp. 162 - 63; *Collected Papers* (Cambridge, 1931 - 35), VI, 51 - 52.

9. *Chance，Love，and Logic*，p.45. 在皮尔斯的这篇论文中，实用主义测试不是用来检验观念的真实性的，而是用来检验它是否清楚明白。有关皮尔斯和詹姆斯实用主义的区别，参阅杜威的论文，John Dewey，*ibid.*，pp. 301 - 8，以及 Justus Buchler, *Charles Peirce's Empiricism*（New York，1939），pp.166 - 74。值得一提的是，皮尔斯反对他眼中达尔文主义的伦理意义。他在 1893 年主张,《物种起源》"是把政治经济学的进步观念搬到了整个动物和植物生命的领域……动物纯粹机械的个人主义得到了强调,动物无情的贪婪变成了好事。就像达尔文在封面写的一样,这是生存的斗争,他应该再加上他的信条:人人为己,魔鬼在后。然而,耶稣在登山宝训中表达了不同的观点"。Peirce, *Chance, Love, and Logic*, p.275.

10. See Perry, *op. cit.*, I, *passim.* C. Hartley Grattan, *The Three Jameses, A Family of Minds.*

11. Perry, *op. cit.*, I, 320‒23. For the influence of the French thinker, Charles Renouvier, on James at this time, see Perry and also *The Will to Believe*, p.143; *Some Problems of Philosophy* (New York, 1911), pp. 163‒65.

12. *Some Problems of Philosophy*, p. 165 n.

13. See John Dewey, "William James," in *Characters and Events*, I, 114‒15; Theodore Flournoy, *The Philosophy of William James* (New York, 1917), pp. 34‒35, 112, 144‒45.

14. *A Pluralistic Universe* (London, 1909), pp. 49‒50; cf. *Some Problems of Philosophy*, pp. 142‒43.

15. *Memories and Studies*, pp. 127‒28.

16. Perry, *op. cit.*, I, 482.

17. "Herbert Spencer," *Nation*, LXXVII (1903), 460.

18. *Memories and Studies*, p. 112.

19. *Pragmatism*, p. 39.

20. Perry, *op. cit.*, I, 482‒83. The parody, which has been credited to James, was first rendered by the English mathematician Thomas Kirkman in his *Philosophy Without Assumptions* (London, 1876), p. 292. See the appendix to the fourth American edition of Spencer's *First Principles*, esp. pp.577‒83.

21. *Pragmatism*, pp. 105‒6.

22. Perry, *op. cit.*, I, 486‒87.

23. *Pragmatism*, pp. 23‒33.

24. *The Will to Believe*, pp. 161‒66.

25. *Collected Essays and Reviews*, pp. 148‒49. Compare the statement of

John Dewey in *The Influence of Darwin on Philosophy,* pp. 16‑17.

26. *Collected Essays and Reviews,* p. 67.

27. See, for example, chap. xi on "Attention."

28. *Principles of Psychology,* I, 140‑41.

29. *Pragmatism,* p. 201.

30. *Atlantic Monthly,* XLVI (1880), 441‑59; reprinted in *The Will to Believe,* pp. 216‑54. See also the companion piece, "The Importance of Individuals," *Open Court,* IV (1890), 2437‑40, reprinted in *The Will to Believe,* pp. 255‑62, and the answers to James by John Fiske and Grant Allen in the *Atlantic Monthly,* XLVII (1881), 75‑84, 371‑81.

31. *The Will to Believe,* pp. 253‑54.

32. *Ibid.,* pp.257‑58，262. Cf. John Dewey in *The Quest for Certainty,* p.244："如果存在是完全必然或完全偶然的，那么生命中将没有悲剧和戏剧，生命意愿也没有存在的必要。"

33. James's individualism is stressed in Curti, *The Social Ideas of American Educators,* chap. xiii. For James's social views in general and his interest in reforms, see Perry, *op. cit.,* vol. II, chaps. lxvii, lxviii.

34. *The Will to Believe,* pp. 160‑61.

35. *The Letters of William James,* I, 284.

36. *Loc. cit.*

37. *Memories and Studies,* pp. 140‑41

38. "Herbert Spencer," *Nation,* LXXVII (1903), 461.

39. *The Letters of William James,* I, 252.

40. *Ibid.,* II, 318. James seems also to have been influenced by the writings of H. G. Wells.

41. "The Moral Equivalent of War," in *Memories and Studies,* p. 286.

42. *Talks to Teachers on Psychology: and to Students on Some of Life's Ideals* (New York, 1925), pp. 298‑99.

43. *The Letters of William James,* II, 201.

44. See John Dewey, "From Absolutism to Experimentalism," in George P. Adams and William P. Montague, eds., *Contemporary American Philosophy* (New

York, 1930), pp. 23 – 24; also the biographical chapter edited by Jane Dewey in Paul A. Schilpp, ed., *The Philosophy of John Dewey,* pp. 3 – 45.

45. 因为杜威的作品范围十分广泛，内容十分多样，且其思想背景起到重要作用，此处任何描述他的思想的影响的尝试都只能是十分局限的。

46. On the element of Darwinism in Dewey's approach to knowledge and its limitations in accounting for his theory of knowledge, see W. T. Feldman, *The Philosophy of John Dewey* (Baltimore, 1934), chaps, iv, vii.

47. *Reconstruction in Philosophy,* pp. 84 – 86; *Essays in Experimental Logic* (Chicago, 1916), pp. 331 – 32

48. "The Interpretation of Savage Mind," *Psychological Review,* IX (1902),. 219.

49. "The Need for Social Psychology," *ibid.,* XXIV (1917), 273.

50. *The Quest for Certainty*; p. 244 and chap, ix; *Experience and Nature,* esp. pp. 62 – 77; *Human Nature and Conduct,* pp. 308 – 11.

51. For an early statement on determinism and ethics, see *The Study of Ethics* (Ann Arbor, 1894), pp. 132 – 38.

52. *Reconstruction in Philosophy, passim,* esp. pp. 125 – 26; *The Influence of Darwin on Philosophy and Other Essays,* pp. 17, 271 – 304, esp. pp. 273 – 74.

53. Adams and Montague, eds., *op. cit.,* p. 20. See Dewey's article on "The Ethics of Democracy," University of Michigan *Philosophical Papers,* Second Series (1888).

54. "Social Psychology," *Psychological Review,* I (1894), 400 – 9.

55. *The Quest for Certainty,* pp. 211 – 12. For Dewey's historical analysis of Spencer's individualism, see *Characters and Events,* I, 52 ff.

56. *The Public and Its Problems,* pp. 73 – 74.

57. *Characters and Events,* II, 728 – 29.

58. 在 1897 年，杜威表示他相信"教育是社会进步的改革的根本方法"，以及"每个老师都是一名特殊的社会公仆，维护着社会秩序，保障着正确的社会发展"。"My Pedagogic Creed," *Teachers' Manuals*，No. 25（New York，1897），pp.16，18. 在 *Democracy and Education* 中，杜威将教育描述为选择的环境，主张教育可以成为社会变革的手段；尤其参阅 chap. ii。Cf. Curti, *op.cit.*, chap.xv；Sidney Hook, *John Dewey, An Intellectual Portrait* (New York, 1939), chap.ix.

59. Adams and Montague, eds., *op. cit.,* p. 23.

60. "Evolution and Ethics," *Monist,* VIII (1898), 321 – 41. Dewey's articles on "The Evolutionary Method as Applied to Morality," *Philosophical Review,* XI (1902), 109 – 24, 353 – 71, illustrate his conception of the significance of the genetic method for ethics.

61. Dewey and Tufts, *Ethics,* pp. 368 – 75.

62. See *Characters and Events,* I, 121 – 22; II, 435 – 42, 542 – 47; "The Development of American Pragmatism," *Studies in the History of Ideas,* Department of Philosophy, Columbia University, II (1925), 374.

第八章　进步时代的其他社会理论

1. "Recent Progress of Political Economy in the United States," *Publications,* American Economic Association, IV (1889), 26.

2. A more limited parallel than that offered here was made by John M. Keynes, *Laissez-Faire and Communism* (New York, 1926), pp. 39 – 43.

3. "The Preconceptions of Economic Science," Part III, *Quarterly Journal of Economics,* XIV (1900), 257 n.

4. 即便非古典理论正统支持者，也可以理解这种思维带来的安全感。"正确理解的完全自由竞争可以被视为经济宇宙的秩序，就像万有引力是物理宇宙的秩序一样。二者不仅都是真理，也一样和谐、一样仁慈。" Francis A. Walker, *Political Economy* (3rd ed., New York, 1888), p.263. 想要阅读更多自然法则经济学家的经典的陈词滥调，参阅 Henry Wood, *The Political Economy of Natural Law* (Boston, 1894)。亦可参阅 John B. Clark, *Essentials of Economic Theory* (New York, 1907)。

5. Francis A. Walker, *The Wages Question,* pp. 240 – 41 n.

6. *Ibid.,* p. 142.

7. Francis Wayland, *The Elements of Political Economy,* recast by Aaron L. Chapin (New York, ed. 1883), pp. i, 4 – 6, 174; Francis Bowen, *American*

Political Economy (New York, ed. 1887), p. 18; Arthur Latham Perry, *Introduction to Political Economy* (New York, 1880), pp. 52, 60, 75, 100; J. Laurence Laughlin, *The Elements of Political Economy* (New York, 1888), p. 349. A full-bodied account of the state of economic opinion in the United States during the 1870's and 1880's is given in Dorfman, *Thorstein Veblen, passim*.

8. "The Past and the Present of Political Economy," *Johns Hopkins University Studies in Historical and Political Science,* II (1884), 64, *passim*.

9. *The Premises of Political Economy,* pp. 78 – 79. John Bates Clark, at that early time in his career, was also sharply critical of classical economics; see *The Philosophy of Wealth,* esp. pp. iii, 32 – 35, 38 ff., 48, 65 – 67, 120, 147, 150, 186 – 96, 207.

10. Quoted in Ely, *Ground Under Our Feet* (New York, 1938), p. 140. Compare this with Ely's original draft, p. 136. For Ely's account of the Association see pp. 121 – 64. See also *Publications,* American Economic Association, I (1886), 5 – 36.

11. For a rather equivocal statement on competition, see Ely, "Competition: Its Nature, Its Permanency, and Its Beneficence," *Publications,* American Economic Association, Third Series, II (1901), 55 – 70. Dorfman emphasizes the essential conservatism of the "New School" leaders, *op. cit.,* pp. 61 – 64.

12. *Ground Under Our Feet,* p. 154. Cf. "The Past and the Present of Political Economy," *Johns Hopkins University Studies in Historical and Political Science* II (1884), 45 ff. See also F. A. Walker, "Recent Progress of Political Economy in the United States," *Publications,* American Economic Association, IV (1889), 31 – 32.

13. "Mr. Bellamy and the New Nationalist Party," *Atlantic Monthly,* LXV (1890), 261 – 62. 但在他处，沃尔克却断言，家庭的团结妨碍了最适者生存法则的正常运作。*Political Economy,* pp. 300 – 1. For other uses of the struggle for existence, see Arthur T. Hadley, *Economics* (New York, 1896), pp. 19 – 22; John B. Clark, *Essentials of Economic Theory,* p. 274. A critical attitude was expressed by Herbert J. Davenport, *The Economics of Enterprise* (New York, 1913), pp. 20 – 21.

14. *The Theory of Dynamic Economics* (Philadelphia, 1892), chaps, i－viii, esp. pp. 18, 21, 24, 37－38. 派顿对消费作为经济变化的源头的兴趣，是受边际效用论的主观方法影响，见 pp. 37－38。Cf. *The Consumption of Wealth* (Philadelphia, 1889).

15. *The Theory of Social Forces,* esp. pp. 5－17, 22－24, 52－53, 76－90.

16. See Rexford G. Tugwell, "Notes on the Life and Work of Simon Nelson Patten," *Journal of Political Economy,* XXXI (1923), 153－208; Scott Nearing, *Educational Frontiers, a Book about Simon Nelson Patten and Other Teachers* (New York, 1925).

17. See his most popular book, *The New Basis of Civilization* (New York, 1907).

18. *The Religion Worth Having, passim.*

19. See *Essays in Social Justice,* pp. 18, 19, 91－98, 103－4, 259.

20. *Journal of Political Economy,* V (1897), 99; *ibid.,* XI (1903), 655－56. On the relation between Ward and Veblen, see Dorfman, *op. cit.,* pp. 194－96, 210－11.

21. *The Theory of the Leisure Class* (New York, Modern Library, 1934), pp. 237－38.

22. *Ibid.,* chaps, viii–x. Veblen's treatment of business enterprise is much less severe in *The Theory of Business Enterprise* than in *Absentee Ownership,* esp. chaps, iii－vi. See also *The Engineers and the Price System* (New York, 1921).

23. *Journal of Political Economy,* VI (1898), 430－35.

24. *The Theory of the Leisure Class,* chaps, viii, ix, esp. pp. 188－91, 236－41.

25. "Why Is Economics Not an Evolutionary Science?" *Quarterly Journal of Economics*，XII（1898），373－97. Cf. *The Theory of Business Enterprise*，pp.365－65。凡勃伦的批评尤其适用于 John Bates Clark 的晚期经济学，后者的 *Essentials of Economic Theory* 十分典型。在这本书中，自由竞争被视为"自然法则"的一部分。参阅"Professor Clark's Economics." *Quarterly Journal of Economics*，XXII（1908），155－60。凡勃伦还批评了历史学派，

认为它们"满足于列举数据、叙述工业发展",但没有尝试"提供关于任何东西的理论,或是将其成果纳入一个自洽的知识体系",因此难以算得上是现代科学。*Ibid.*,XII,373. 亦参阅"Gustave Schmoller's Economics," *ibid.*,XVI(1901),253 - 55。这些文章都收录在 *The Place of Science in Modern Civilization and Other Essays*(New York,1919)一书中。

26. "The Preconceptions of Economic Science," Part II, *Quarterly Journal of Economics,* XIII (1898), 425.

27. John M. Clark, "Problems of Economic Theory—Discussion," *American Economic Review,* XV, Supplement (1925), 56.

28. Keller, *Societal Evolution* (New York, 1915), p. 326; cf. pp. 250 ff.

29. "The Concepts and Methods of Sociology," *American Journal of Sociology,* X (1904), 172; *Studies in the Theory of Human Society* (New York, 1922), 136 - 41.

30. *Principles of Sociology,* p. v.

31. *The Responsible State,* p. 107; *Studies in the Theory of Human Society,* pp. 16 - 17, 206 - 7, 226, and chap, xiv; *The Elements of Sociology,* pp. 234 - 35, 293 - 95; *Inductive Sociology,* p. 6.

32. "The Persistence of Competition," *Political Science Quarterly,* II (1887), 66.

33. *The Responsible State,* p. 108; *The Elements of Sociology,* p. 317.

34. "The Principles of Sociology," *American Journal of Sociology,* II (1897), 741 - 42.

35. "The Failure of Biologic Sociology," *Annals of the American Academy of Political and Social Science,* IV (1894), 68 - 69. 但是,派顿的论文不幸弄错了对象,因为他错把沃德当成了生物社会学的鼻祖。

36. *Democracy and Empire* (New York, 1900), p. 29.

37. *General Sociology,* p. ix.

38. "Fifty Years of Sociology in the United States," *American Journal of Sociology,* XXI (1916), 773.

39. "The Influence of Darwin on Sociology," *Psychological Review,* N. S., XVI (1909), 189.

40. *Darwin and the Humanities,* p. 40. See also *Social and Ethical Interpretations in Mental Development* (New York, 1897), pp. 520‑23.

41. See Dewey, "The Need for Social Psychology," *Psychological Review,* XXIV (1917); Cooley, *Human Nature and the Social Order,* esp. chap. i. Cooley acknowledged the guidance of William James and Baldwin (p. 90 n.). Cf. also Cooley, *Social Organization,* chap. i; Baldwin, *Social and Ethical Interpretations in Mental Development,* pp. 87‑88; *The Individual and Society,* chap. i. 许多作者都受到了法国社会心理学，尤其是 Tarde 的影响。有关新旧心理学的分析，参阅 Fay Berger Karpf, *American Social Psychology,* pp. 25‑40, 176‑95, 216‑45, 269‑307, 327‑50。

42. *The Individual and Society,* p. 118.

43. *Human Nature and the Social Order,* p. 12.

44. *Human Nature and Conduct,* pp. 21‑22.

45. 当然，并不是所有人都这样。E. A. 罗斯便在没有抛弃已有观点的情况下使用了麦独孤的本能理论。See *Principles of Sociology* (New York, 1921), pp. 42‑43.

46. Cf. Cooley, *Social Organization,* pp. 120, 258‑61, 291‑96; *Social Process,* pp. 226‑31.

47. 罗斯自己提到过，他的 24 本书卖出去了 30 多万册。 *Seventy Years of It,* pp. 95, 299.

48. *Ibid.,* p. 180.

49. *Principles of Sociology,* pp. 108‑9; *Foundations of Sociology,* pp. 341‑43; *Sin and Society* (New York, 1907), p. 53; *Seventy Years of It,* p. 55.

50. See *The Jukes* (New York, 1877), pp. 26, 39.

51. *American Charities,* chaps, iii‑v.

52. For a typical alarmist view of the period, see W. Duncan McKim, *Heredity and Human* Heredity," *Arena,* XVIII (1897), 90‑97.

53. *Proceedings of the First National Conference on Race Betterment* (Battle Creek, 1914).

54. For a review of the progress of eugenics legislation, see H. H. Laughlin, *Eugenical Sterilization: 1926* (New Haven, 1926), pp. 10‑18.

55. See John Denison, "The Survival of the American Type," *Atlantic Monthly,* XXXV (1895), 16 - 28. See Charles B. Davenport in *Eugenics: Twelve University Lectures* (New York, 1914), p. 11.

56. See Paul Popenoe and Roswell H. Johnson, *Applied Eugenics,* chap. ii.

57. *The Social Direction of Human Evolution,* p. 44. For a criticism of this tendency in eugenics theory, see the excellent article by G. Spiller, "Darwinism and Sociology," *Sociological Review,* VII (1914), 232 - 53; also Clarence M. Case, "Eugenics as a Social Philosophy," *Journal of Applied Sociology,* VII (1922), 1 - 12.

58. Karl Pearson, Gallon's successor in the international leadership of eugenics, in his little volume *National Life from the Standpoint of Science* (London, 1901), expressed a social philosophy as harsh as the worst effusions of German militarists.

59. *Hereditary Genius* (rev. Amer. ed., New York, 1871), pp. 14, 38 - 39, 41, 49.

60. Cited by Harvey E. Jordan in *Eugenics: Twelve University Lectures,* p. 110.

61. *The Kallikak Family* (New York, 1911), p. 116.

62. *The Heredity of Richard Roe* (Boston, 1911), p. 35.

63. "The Importance of the Eugenics Movement and its Relation to Social Hygiene," *Journal of the American Medical Association,* LIV (1910), 2018.

64. "Influence of Heredity on Human Society," *Annals of the American Academy of Political and Social Science,* XXXIV (1909), 16, 21. Cf. Davenport, *Heredity in Relation to Eugenics,* pp. 254 - 55; Edwin G. Conklin, *Heredity and Environment in the Development of Men* (Princeton, 1915), p. 206.

65. "Eugenics: with Special Reference to Intellect and Character," *Popular Science Monthly,* LXXXIII (1913), 128. Cf. Thorndike's *Educational Psychology* (New York, 1914), III, 310 ff.

66. "Eugenics," *Popular Science Monthly,* LXXXIII (1913), 134.

67. For the place of heredity in Thorndike's educational philosophy, see Curti, *The Social Ideas of American Educators,* pp. 473 ff. See also Thorndike's

review of Lester Ward's *Applied Sociology*, "A Sociologist's Theory of Education," *Bookman*, XXIV (1906), 290–94.

68. Popenoe and Johnson, *op. cit.*, chap, xviii, "The Eugenic Aspect of Some Specific Reforms."

69. Alleyne Ireland, "Democracy and the Accepted Facts of Heredity," *Journal of Heredity*, IX (1918), 339–42; O. F. Cook and Robert C. Cook, "Biology and Government," *ibid.*, X (1919), 250–53; E. G. Conklin, "Heredity and Democracy, a Reply to Alleyne Ireland," *ibid.*, X (1919), 161–63. 根据 Popenoe 和 Johnson，生物学事实证明了"贵族民主制"的必要，这种制度既保留了民主的代议制政体，又有利于专家施展他们的技能和培训。*Op.cit.*, pp. 360–62.

70. Frederick A. Woods, "Kaiserism and Heredity," *Journal of Heredity*, IX (1918), 355.

71. *Applied Sociology, passim.* For his data Ward relied chiefly upon Alfred Odin's *Genèse des Grandes Hommes* (Paris, 1895), a study of environmental factors in the careers of over six thousand French men of letters.

72. Cooley to Ward, April 28, 1898, Ward MSS, Autograph Letters, VII, 8.

73. "Genius, Fame, and the Comparison of Races," *Annals of the American Academy of Political and Social Science*, IX (1897), 317–58.

74. Keller, *op. cit.*, pp. 193 ff.

75. *Social Process*, p. 206.

第九章　种族主义和帝国主义

1. 虽然达尔文本人不是确凿无疑的"社会达尔文主义者"，但这并不影响这种说法看上去的合理性。关于达尔文本人在社会达尔文主义中起的作用，参阅 Bernhard J. Stern，*Science and Society*，VI（1942），75–78。

2. See Jacques Novicow, *La Critique du Darwinisme Social* (Paris, 1910), pp. 12–15. The contributions of Darwinism to militarism and imperialism in European culture have been discussed in Carlton J. H. Hayes, *A Generation of Materialism*, pp. 12–13, 246, 255 ff., and in Jacques Barzun, *Darwin, Marx, Wagner, passim.*

3. "The Philosophy and Morals of War," *North American Review,* CLXIX (1889), 794.

4. Quoted by Julius W. Pratt in "The Ideology of American Expansion," *Essays in Honor of William E. Dodd* (Chicago, 1935), p. 344.

5. Albert J. Weinberg, *Manifest Destiny,* chap. vii.

6. See W. Stull Holt," The Idea of Scientific History in America," *Journal of the History of Ideas,* I (1940), 352‑62.

7. *Comparative Politics* (New York, 1874), p. 23.

8. *The Letters of Henry Adams,* II, 532.

9. Edward Saveth, "Race and Nationalism in American Historiography: The Late Nineteenth Century," *Political Science Quarterly,* LXIV (1939), 421‑41.

10. *A Short History of Anglo-Saxon Freedom* (New York, 1890), p. 308.

11. *Ibid.,* p. 309.

12. *Political Science and Comparative Constitutional Law,* I, vi, 3‑4, 39, 44‑45.

13. See the preface by A. B. Hart, in *The Works of Theodore Roosevelt,* VIII, xiv.

14. *Ibid.,* VIII, 3‑4, 7. 虽然罗斯福本人后来也意识到了许多常见的"种族"称呼（如"雅利安""条顿""盎格鲁‑撒克逊"）实际上空洞无物，但他未能克服种族主义的偏见。 See *ibid.,* XII, 40‑41, and his review of Houston Stewart Chamberlain, *ibid.,* 106‑12. In 1896 he endorsed the racism of Le Bon as "very fine and true." *Selections from the Correspondence of Theodore Roosevelt and Henry Cabot Lodge* (New York, 1925), I, 218.

15. *Outlines of Cosmic Philosophy,* II, 256 ff.

16. *Ibid.,* II, 263. See also *The Destiny of Man,* pp. 85 ff.

17. *Outlines of Cosmic Philosophy,* II, 341.

18. See *Civil Government in the United States,* p. xiii; *American Political Ideas, passim.*

19. *A Century of Science,* p. 222; *American Political Ideas,* pp. 43‑44.

20. *American Political Ideas,* p. 135.

21. *Ibid.,* pp. 140‑45.

22. Clark, *Life and Letters of John Fiske,* II, 139 – 40.

23. *American Political Ideas,* p. 7.

24. Clark, *op. cit.,* II, 165 – 67.

25. *Our Country,* p. 168.

26. *Ibid.,* p. 170, quoting *The Descent of Man,* ed. unspecified, Part I, p. 142; Darwin was referring to Zincke's *Last Winter in the United States* (London, 1868), p. 29.

27. Strong, *op. cit.,* pp. 174 – 75. Cf. also Strong's *The New Era* (New York, 1893), chap. iv.

28. Claude Bowers, *Beveridge and the Progressive Era* (Cambridge, 1932), p. 121.

29. Roosevelt, *op. cit.,* XIII, 322 – 23, 331.

30. Tyler Dennett, *John Hay* (New York, 1933), p. 278.

31. John R. Dos Passos, *The Anglo-Saxon Century,* p. 4.

32. "The Problem of the Philippines," *North American Review,* CLXVII (1898), 267.

33. "The Economic Basis of Imperialism," *ibid.,* CLXVII (1898), 326.

34. "Can New Openings Be Found for Capital?" *Atlantic Monthly,* LXXXIV (1899), 600 – 8.

35. A. Lawrence Lowell, "The Colonial Expansion of the United States," *ibid.,* LXXXIII (1899), 145 – 54.

36. George Burton Adams, "A Century of Anglo–Saxon Expansion," *Atlantic Monthly,* LXXIX (1897), 528 – 38; John R. Dos Passos, *op. cit.,* p. x; Charles A. Gardiner, *The Proposed Anglo-Saxon Alliance* (New York, 1898), p. 26; Lyman Abbott, "The Basis of an Anglo–American Understanding," *North American Review,* CLXVI (1898), 513 – 21; John R. Procter, "Isolation or Imperialism," *Forum,* XXV (1898), 14 – 26.

37. Hosmer, *op. cit.,* chap. xx.

38. Schurz, "The Anglo–American Friendship," *Atlantic Monthly,* LXXXII (1898), 436.

39. *Atlantic Monthly,* LXXI (1898), 577 – 88. Cf. Dos Passos, *op. cit.,* p. 57.

40. See *The Interest of America in Sea Power,* pp. 27, 107 – 34.

41. See Dennett, *op. cit.,* pp. 189, 219; Dos Passos, *op. cit.,* pp. 212 – 19, *passim; Selections from the Correspondence of Theodore Roosevelt and Henry Cabot Lodge,* I, 446; *An American Response to Expressions of English Sympathy*; Charles Waldstein, *The Expansion of Western Ideals and the World's Peace* (New York and London, 1899).

42. Waldstein, *op. cit.,* pp. 20, 22 ff.

43. William R. Thayer, *Life and Letters of John Hay* (Boston, 1915), II, 234.

44. The best discussion is George L. Beer, *The English Speaking Peoples* (New York, 1917).

45. Stephen B. Luce, "The Benefits of War," *North American Review,* CLIII (1891), 677.

46. See Merle Curti, *Peace or War,* pp. 118 – 21; Harriet Bradbury, "War as a Necessity of Evolution," *Arena,* XXI (1891), 95 – 96; Charles Morris, "War as a Factor in Civilization," *Popular Science Monthly,* XLVII (1895), 823 – 24; N. S. Shaler, "The Natural History of Warfare," *North American Review,* CLXII (1896), 328 – 40.

47. Mahan, *op. cit.,* p. 267.

48. *National Life and Character,* p. 85.

49. *Letters,* II, 46.

50. *The Law of Civilization and Decay,* pp. viii ft.

51. *America's Economic Supremacy,* p. 192.

52. *Ibid.,* pp. 193 – 222.

53. "The New Industrial Revolution," *Atlantic Monthly,* LXXXVII (1901), 165.

54. Mahan, *op. cit.,* p. 18.

55. "National Life and Character," *op. cit.,* XIII, 220 – 22; "The Law of Civilization and Decay," *ibid.,* XIII, 242 – 60.

56. "Race Decadence" (1914), *op. cit.,* XII, 184 – 96. Cf. "A Letter from President Roosevelt on Race Suicide," [American] *Review of Reviews,* XXXV

(1907), 550 - 57.

57. See J. F. Abbott, *Japanese Expansion and American Policies* (New York, 1916), chap. i.

58. Payson J. Treat, *Japan and the United States* (rev. ed., Stanford, 1928), p. 187.

59. For the outlook of a West Coast writer, see Montaville Flowers, *The Japanese Conquest of American Opinion* (New York, 1917).

60. Sidney L. Gulick, *America and the Orient* (New York, 1916), pp. 1 - 27.

61. "The Yellow Peril," in *Revolution and Other Essays* (New York, 1910), pp. 282 - 83.

62. "The Real Yellow Peril," *North American Review,* CLXXXVI (1907), 375 - 83. Cf. a more moderate view, J. O. P. Bland, "The Real Yellow Peril," *Atlantic Monthly,* III (1913), 734 - 44.

63. Abbott, *op. cit.*; S. L. Gulick, *The American Japanese Problem* (New York, 1914), chaps, xii, xiii. For samples of post—war alarmism see Madison Grant, *The Passing of the Great Race*; George Brandes, "The Passing of the White Race," *Forum,* LXV (1921), 254 - 56. Lothrop Stoddard feared that the doctrine of the survival of the fittest was beginning to prove a boomerang for the western peoples. See *The Rising Tide of Color,* pp. 23, 150, 167, 181 - 82, 219 - 21, 307 - 8.

64. *The Valor of Ignorance,* pp. 8, 11.

65. *Ibid.,* p. 44; cf. p. 76.

66. *The Day of the Saxon, passim.*

67. *Defenseless America,* pp. v, 27 - 41, 240.

68. See especially the foreword by Henry A. Wise Wood to W. H. Hobb's *Leonard Wood* (New York, 1920).

69. *Proceedings,* Congress of Constructive Patriotism, National Security League (New York, 1917), p. 16.

70. Hermann Hagedorn, *Leonard Wood* (New York, 1931), II, 173.

71. *Congressional Record,* 55th Congress, 3rd Session, p. 1424.

72. "Human Faculty as Determined by Race," *Proceedings,* American

Association for the Advancement of Science, XLIII (1894), 301 – 27.

73. See James M. Baldwin, *Mental Development in the Child and in the Race* (New York, 1895), chap. i.

74. See *Adolescence* (New York, 1905), Vol II, chap, xviii, esp. pp. 647, 651, 698 – 700, 714, 716 – 18, 748.

75. See *Swords and Ploughshares* (New York, 1902), p. 54, *passim*.

76. Perry, *Thought and Character of William James*, II, 311.

77. *Arena*, XXII, 702.

78. Merle Curti, *op. cit.*, pp. 178 – 82. For representative anti–imperialist arguments, see David Starr Jordan, *Imperial Democracy* (New York, 1899); R. F. Pettigrew, *The Course of Empire* (New York, 1920), a reprint of speeches delivered in the Senate; George F. Hoar, *Autobiography of Seventy Years* (New York, 1903), Vol. II, chap, xxxiii. See also Fred Harrington, "Literary Aspects of American Anti–Imperialism," *New England Quarterly*, X (1937), 650 – 67. For left–wing arguments, see Morrison I. Swift, *Imperialism and Liberty* (Los Angeles, 1899).

79. Perry, *op. cit.*, II, 311.

80. Quoted, *ibid.*, II, 311 – 12.

81. "The Conquest of the United States by Spain," in *War and Other Essays*, p. 334.

82. See *The Blood of the Nation* (Boston, 1899); *The Human Harvest* (Boston, 1907); *War and Waste* (New York, 1912), chap, i; *War's Aftermath* (New York, 1914); *War and the Breed* (Boston, 1915).

83. See Theodore Roosevelt, "Twisted Eugenics," *op. cit.*, XII, 197 – 207; Hudson Maxim, *op. cit.*, 7 – 18; Charmian London, *The Book of Jack London*, II, 347 – 48.

84. "The New Internationalism," *Saturday Evening Post*, CXCIV (August 20, 1921), 20.

85. See William Archer, "Fighting a Philosopher," *North American Review*, CCI (1915), 30 – 44. "可以很贴切地说，我们是在和尼采的哲学做斗争。"

86. "The Lust of Empire," *Nation*, XCIX (1914), 493.

87. Quoted in *Out of Their Own Mouths* (New York, 1917), pp. 75 - 76.

88. Quoted, *ibid.,* p. 151.

89. *Germany vs. Civilization* (New York, 1916), pp. 80 - 81; *Volleys from a Non-Combatant* (New York, 1919), p. 20; cf. his preface to *Out of Their Own Mouths,* p. xv. See also Michael A. Morrison, *Sidelights on Germany* (New York, 1918), pp. 34 ff. For an English view, see J. H. Muir–head, *German Philosophy in Relation to the War* (London, 1915). An interesting contemporary defense of Germany is Max Eastman's *Understanding Germany* (New York, 1916), esp. pp. 60 ff.

90. "Blaming Nietzsche for It All," *Literary Digest,* XLIX (1914), 743 - 44; "Did Nietzsche Cause the War?" *Educational Review,* XLVIII (19:4), 353 - 57.

91. Archer, *op. cit.,* pp. 30 - 31.

92. J. Edward Mercer," Nietzsche and Darwinism," *Nineteenth Century,* LXXVII (1915), 421 - 31.

93. See G. Stanley Hall as quoted by Frederick Whitridge, *One American's Opinion of the European War* (New York, 1914), pp. 37 - 39. See also Hall's *Morale* (New York, 1920), pp. 10 - 14.

94. *The Present Conflict of Ideals,* pp. 425 - 28.

95. *Ibid.,* p. 145.

96. Curti, *op. cit.,* pp. 119 - 21.

97. See Novicow, *op. cit.,* and *Les Luttes entre Sociétés Humaines* (Paris, 1893).

98. *Social Progress and the Darwinian Theory,* pp. 21, 29, 53 - 60, 64 - 68, 79, *passim.*

99. *Ibid.,* p. 115.

100. *Headquarters Nights* (Boston, 1917).

101. See Wayne C. Williams, *William Jennings Bryan* (New York, 1936), p. 449.

102. *Seventy Years of It,* p. 88. Cf. Bryan's *In His Image* (New York, 1922), pp. 107 - 10, 123 - 26.

第十章 结论

1. 生物学类比自古以来一直常见，不是达尔文之后才出现的现象。马丁·路德在《论贸易与重利盘剥》一文中指出，大财团"压迫并毁灭许多小商人，正像水里的梭鱼吞噬小鱼一般。他们好像是统制上帝子民的君主，不受任何信仰和爱的法律的约束"。在《亨利四世》中，福斯塔夫也说过："既然老梭鱼可以拿小鲦鱼当点心啃，我看不出自然法则为什么就不允许我咬他一口。"（《亨利四世》，下篇，第三幕，第二场）这些例子多如牛毛，不胜枚举。

参考文献

本书第一版出版后，许多新的相关书籍和文章已经出版，在此无法一一列举。所以，我没有修订第一版的参考文献。此外，它只包含了对我有特殊价值的作品。但是，有几本书还是值得在此提及。Stow Persons 编辑的 *Evolutionary Thought in America*（New Haven: Yale University Press, 1950）一书中包含数篇有价值的论文，它们一起提供了美国进化思维的总览。Philip P. Wiener 所著的 *Evolution and the Founders of Pragmatism*（Cambridge: Harvard University Press, 1949）十分详尽地探讨了进化论和实用主义创始人的关系。有关本书后几章中美国思想的转变，Morton G. White 在 *Social Thought in America*（New York: Viking Press, 1949）中进行了更丰富的讨论。有关达尔文主义对美国大学生活和思想的影响，参阅 Richard Hofstadter and Walter P. Metzger, *The Development of Academic Freedom in the United States* (New York: Columbia University Press, 1955) 中 Walter P. Metzger 撰写的第 7 章。

手稿

萨姆纳：耶鲁大学斯特灵纪念图书馆（Sterling Memorial Library）所藏的手稿不包含萨姆纳的个人信件，大多反映了萨姆纳学术生涯之前的时段。

沃德：布朗大学的约翰·海伊图书馆（John Hay Library）所藏的手稿主要包含十三卷沃德收到的信件。在估量沃德的影响力这一点上，它们的价值十分珍贵。其中最有解释性的信件已经由 Bernhard J. Stern 编辑发表，这本书已经列举于下。沃德的图书馆中有数本包含大量笔记的书，是他的兴趣和观念的独特展现。

美国这个阶段思想的研究者是幸运的，许多个人信件已经出版。下面列出的信件集和传记中包含许多达尔文、斯宾塞、格雷、菲斯克、尤曼斯、沃德、詹姆斯、亨利·亚当斯、西奥多·罗斯福等人的信件。

期刊

American Journal of Sociology, Chicago, 1896 – 1920.

Annals of the American Academy of Political and Social Science,

Philadelphia, 1890 - 1910.

Appleton's Journal, New York, 1867 - 81.

Arena, Boston, 1889 - 99; New York, 1899 - 1904.

Atlantic Monthly, Boston, 1860 - 1920.

Forum, New York, 1886 - 1915.

Galaxy, New York, 1866 - 78.

Independent, New York, 1860 - 90.

International Socialist Review, Chicago, 1900 - 10.

Journal of Heredity, Washington, 1910 - 19

Journal of Political Economy, Chicago, 1893 - 1915.

Journal of Speculative Philosophy, St. Louis, 1867 - 80.

Nation, New York, 1865 - 1920.

Nationalist, Boston, 1889 - 91.

North American Review, Boston, 1860 - 77; New York, 1878 - 1915.

Popular Science Monthly, New York, 1872 - 1910.

Psychological Review, Princeton, 1894 - 1915.

书籍

Adams, Brooks. *America's Economic Supremacy.* New York: The Macmillan Co., 1900.

_____. *The Law of Civilization and Decay.* New York: The Macmillan Co., 1896.

_____. *The New Empire.* New York: The Macmillan Co., 1902.

Adams, Henry. *The Education of Henry Adams.* Boston and New York: Houghton Mifflin Co., 1918.

_____. *Letters of Henry Adams* (ed. Worthington C. Ford). Boston: Houghton Mifflin Co., 1930. 2 vols.

Bagehot, Walter. *Physics and Politics.* New York: D. Appleton & Co., 1873.

Baldwin, James Mark. *Darwin and the Humanities.* Baltimore: Review Publishing Co., 1909.

_____. *The Individual and Society.* Boston: R. G. Badger, 1911.

Barker, Ernest. *Political Thought in England*. New York: Henry Holt & Co., 1915[?].

Barnes, Harry Elmer, and Becker, Howard. *Contemporary Social Theory*. New York: D. Appleton–Century Co., 1940.

_____. *Social Thought from Lore to Science*. New York: D. C. Heath & Co., 1938. 2 vols.

Barzun, Jacques. *Darwin, Marx, Wagner*. Boston: Little, Brown & Co., 1941.

Becker, Carl. *The Heavenly City of the Eighteenth Century Philosophers*. New Haven: Yale University Press, 1932.

Behrends, A. J. F. *Socialism and Christianity*. New York: Baker and Taylor, 1886.

Bellamy, Edward. *Edward Bellamy Speaks Again!* Kansas City: The Peerage Press, 1937.

_____. *Equality*. New York: D. Appleton & Co., 1897.

_____. *Looking Backward*. Boston: Houghton Mifflin Co., 1889.

Boas, Franz. *The Mind of Primitive Man*. New York: The Macmillan Co., 1911.

Brandeis, Louis D. *The Curse of Bigness*. New York: The Viking Press, 1934.

Brinton, Crane. *English Political Thought in the Nineteenth Century*. London: E. Benn, 1933.

Bristol, Lucius M. *Social Adaptation*. Cambridge: Harvard University Press, 1915.

Brooks, Van Wyck. *New England: Indian Summer, 1865–1915*. New York: E. P. Dutton & Co., 1940.

Burgess, John W. *Political Science and Comparative Constitutional Law*. Boston: Ginn & Co., 1890. 2 vols.

Cape, Emily Palmer. *Lester F. Ward, a Personal Sketch*. New York and London: G. P. Putnam's Sons, 1922.

Carver, Thomas Nixon. *Essays in Social Justice*. Cambridge: Harvard

University Press, 1915.

_____. *The Religion Worth Having.* Boston: Houghton Mifflin Co., 1912.

Chamberlain, Houston Stewart. *The Foundations of the Nineteenth Century.* London: John Lane, 1911. 2 vols.

Chamberlain, John. *Farewell to Reform.* New York: Liveright, 1932.

Clark, John Bates. *The Philosophy of Wealth.* Boston: Ginn & Co., 1885.

Clark, John Spencer. *The Life and Letters of John Fiske.* Boston and New York: Houghton Mifflin Co., 1917. 2 vols.

Cochran, Thomas C., and Miller, William. *The Age of Enterprise.* New York: The Macmillan Co., 1942.

Cooley, Charles Horton. *Human Nature and the Social Order.* New York: Charles Scribner's Sons, 1902.

_____. *Social Organization.* New York: Charles Scribner's Sons, 1909.

_____. *Social Process.* New York: Charles Scribner's Sons, 1918.

Croly, Herbert. *The Promise of American Life.* New York: The Macmillan Co., 1909.

Curti, Merle E. *Peace or War, the American Struggle, 1656–1956.* New York: W. W. Norton & Co., 1936.

_____. *The Social Ideas of American Educators.* New York: Charles Scribner's Sons, 1935.

Darwin, Charles. *The Descent of Man.* London: J. Murray, 1871.

_____. *The Origin of Species.* London: J. Murray, 1859.

Darwin, Francis. *The Life and Letters of Charles Darwin.* New York: D. Appleton & Co., 1888. 2 vols.

Davenport, Charles. *Heredity in Relation to Eugenics.* New York: Henry Holt & Co., 1915.

Dewey, John. *Characters and Events* (ed. Joseph Ratner). New York: Henry Holt & Co., 1929. 2 vols.

_____. *Democracy and Education.* New York: The Macmillan Co., 1916.

_____. *Human Nature and Conduct.* New York: Henry Holt & Co., 1922.

_____. *The Influence of Darwin on Philosophy.* New York: Henry Holt &

Co., 1910.

    ____. *The Public and Its Problems*. New York: Henry Holt & Co., 1927.

    ____. *The Quest for Certainty*. New York: Minton, Baldi & Co., 1929.

    ____. *Reconstruction in Philosophy*. New York: Henry Holt & Co., 1920.

    ____, and Tufts, James. *Ethics*. New York: Henry Holt & Co., 1908.

Dombrowski, James. *The Early Days of Christian Socialism in America*. New York: Columbia University Press, 1936.

Dorfman, Joseph. *Thorstein Veblen and His America*. New York: The Viking Press, 1934.

Dos Passos, John R. *The Anglo-Saxon Century and the Unification of the English-Speaking People*. New York and London: G. P. Putnam's Sons, 1903.

Drummond, Henry. *The Ascent of Man*. New York: A. L. Burt Co., 1894.

Duncan, David. *The Life and Letters of Herbert Spencer*. New York: D. Appleton & Co., 1908.

Ferri, Enrico. *Socialism and Modern Science*. New York: International Library Publishing Co., 1900.

Fisk, Ethel. *The Letters of John Fiske*. New York: The Macmillan Co., 1940.

Fiske, John. *American Political Ideas*. New York: Harper & Bros., 1885.

    ____. *A Century of Science and Other Essays*. Boston: Houghton Mifflin & Co., 1899.

    ____. *Civil Government in the United States*. Boston: Houghton Mifflin & Co., 1890.

    ____. *The Destiny of Man*. Boston: Houghton Mifflin & Co., 1884.

    ____. *Edward Livingston Youmans*. New York: D. Appleton & Co., 1894.

    ____. *Excursions of an Evolutionist*. Boston: Houghton Mifflin & Co., 1884.

    ____. *The Meaning of Infancy*. Boston: Houghton Mifflin & Co., 1909.

    ____. *Outlines of Cosmic Philosophy*. Boston: Houghton Mifflin & Co., 1874. 2 vols.

Gabriel, Ralph Henry. *The Course of American Democratic Thought*. New York: The Ronald Press Co., 1940.

Galton, Francis, *Hereditary Genius.* London: Macmillan & Co., 1869.

____. *Inquiries into Human Faculty and Its Development.* London: Macmillan & Co., 1883.

____. *Natural Inheritance.* London and New York: Macmillan & Co., 1889.

Geiger, George R. *The Philosophy of Henry George.* New York: The Macmillan Co., 1933.

George, Henry. *A Perplexed Philosopher.* New York: C. L. Webster & Co., 1892.

____. *Progress and Poverty.* New York, 1879.

____. *Social Problems.* New York: Belford, Clarke, & Co., 1883.

George, Henry, Jr. *The Life of Henry George.* New York: Doubleday and McClure Co., 1900.

Ghent, William J. *Our Benevolent Feudalism.* New York: The Macmillan Co., 1902.

Giddings, Franklin H. *The Elements of Sociology.* New York: The Macmillan Co., 1898.

____. *Inductive Sociology.* New York: The Macmillan Co., 1901.

____. *The Principles of Sociology.* New York: The Macmillan Co., 1896.

____. *The Responsible State.* Boston: Houghton Mifflin Co., 1918.

Gide, Charles, and Rist, Charles. *A History of Economic Doctrines.* Boston: D. C. Heath & Co., 1915.

Gladden, Washington. *Applied Christianity.* Boston: Houghton Mifflin & Co., 1886.

Gobineau, Arthur de. *The Inequality of Human Races* (trans. Adrian Collins). New York: G. P. Putnam's Sons, 1915.

Goldenweiser, Alexander. *History, Psychology, and Culture.* New York: Alfred A. Knopf, 1933.

Grant, Madison. *The Passing of the Great Race.* New York: Charles Scribner's Sons, 1916.

Grattan, C. Hartley. *The Three Jameses.* New York: Longmans, Green & Co., 1932.

Gray, Asa. *Darwiniana*. New York: D. Appleton & Co., 1876.

____. *Letters of Asa Gray* (ed. Jane Loring Gray). Boston: Houghton Mifflin Co., 1893. 2 vols.

Gronlund, Laurence. *The Cooperative Commonwealth*. Boston: Lee and Shepard, 1884.

____. *The New Economy*. New York: H. S. Stone & Co., 1898.

____. *Our Destiny*. Boston: Lee and Shepard, 1890.

Gumplowicz, Ludwig. *The Outlines of Sociology* (trans. Frederick W. Moore). Philadelphia: American Academy of Political and Social Science, 1899.

Haeckel, Ernst. *The Riddle of the Universe*. New York: Harper & Bros., 1900.

Hayes, Carlton J. H. *A Generation of Materialism, 1871–1900*. New York: Harper & Bros., 1941.

Headley, Frederick W. *Darwinism and Modern Socialism*. London: Macmillan & Co., 1909.

Henkin, Leo. *Darwinism in the English Novel*. New York: Corporate Press, 1940.

Hobhouse, Leonard. *Social Evolution and Political Theory*. New York: Columbia University Press, 1911.

____. *Mind in Evolution*. London: Macmillan & Co., 1901.

Hodge, Charles. *What Is Darwinism?* New York: Scribner, Armstrong, & Co., 1874.

Holt, Henry. *Garrulities of an Octogenarian Editor*. Boston: Houghton Mifflin Co., 1923.

Hopkins, Charles Howard. *The Rise of the Social Gospel in American Protestantism, 1865–1915*. New Haven: Yale University Press, 1940.

Huxley, T. H. *Evolution and Ethics and Other Essays*. New York The Humboldt Publishing Co., 1894.

James, William. *Collected Essays and Reviews*. New York: Longmans, Green & Co., 1920.

____. *The Letters of William James* (ed. Henry James). Boston: The Atlantic

Monthly Press, 1920. 2 vols.

_____. *Memories and Studies*. New York: Longmans, Green & Co., 1912.

_____. *A Pluralistic Universe*. New York: Longmans, Green & Co., 1909.

_____. *Pragmatism*. New York: Longmans, Green & Co., 1907.

_____. *The Principles of Psychology*. New York: Henry Holt & Co., 1890. 2 vols.

_____. *The Will to Believe*. New York: Longmans, Green & Co., 1897.

Josephson, Matthew. *The Politicos*. New York: Harcourt, Brace & Co., 1938.

_____. *The President Makers*. New York: Harcourt, Brace & Co., 1940.

_____. *The Robber Barons*. New York: Harcourt, Brace & Co., 1934.

Karpf, Fay Berger. *American Social Psychology*. New York and London: McGraw–Hill Book Co., 1932.

Kazin, Alfred. *On Native Grounds*. New York: Reynal & Hitchcock, 1942.

Keller, Albert G. *Reminiscences of William Graham Sumner*. New Haven: Yale University Press, 1933.

Kellicott, William E. *The Social Direction of Human Evolution*. New York: D. Appleton & Co., 1911.

Kellogg, Vernon. *Darwinism To-Day*. New York: Henry Holt & Co., 1907.

Kidd, Benjamin. *Principles of Western Civilization*. New York: The Macmillan Co., 1902.

_____. *Social Evolution*. New York: Macmillan & Co., 1894.

Kimball, Elsa P. *Sociology and Education*. New York: Columbia University Press, 1932.

Kraus, Michael. *A History of American History*. New York: Farrar & Rinehart, 1937.

Kropotkin, Peter. *Mutual Aid*. London: W. Heinemann, 1902.

Lea, Homer. *The Day of the Saxon*. New York: Harper & Bros., 1912.

_____. *The Valor of Ignorance*. New York: Harper & Bros., 1909.

Lewis, Arthur M. *Evolution, Social and Organic*. Chicago: C. H. Kerr, 1908.

_____. *An Introduction to Sociology*. Chicago: C. H. Kerr, 1913.

Lippmann, Walter. *Drift and Mastery.* New York: Mitchell Kennerly, 1914.

Lloyd, Henry Demarest. *Wealth Against Commonwealth.* New York: Harper & Bros., 1894.

London, Charmian. *The Book of Jack London.* New York: The Century Co., 1921. 2 vols.

London, Jack. *Martin Eden.* New York: The Macmillan Co., 1908.

Lowie, Robert H. *The History of Ethnological Theory.* New York: Farrar & Rinehart, 1937.

Lundberg, George A. *et al. Trends in American Sociology.* New York: Harper & Bros., 1929.

McDougall, William. *An Introduction to Social Psychology.* Boston: J. W. Luce & Co., 1909.

Mahan, Alfred Thayer. *The Interest of America in Sea Power.* Boston: Little, Brown & Co., 1897.

Maxim, Hudson. *Defenseless America.* New York: Hearst's International Library Co., 1915.

Nasmyth, George. *Social Progress and the Darwinian Theory.* New York: G. P. Putnam's Sons, 1916.

Nevins, Allan. *The Emergence of Modern America, 1865–1878.* New York: The Macmillan Co., 1928.

Norderskiöld, Erik. *The History of Biology.* New York: Alfred A. Knopf, 1928.

Osborn, Henry Fairfield. *From the Greeks to Darwin.* New York: Charles Scribner's Sons, 1899.

Page, Charles H. *Class and American Sociology.* New York: The Dial Press, 1940.

Parrington, V. L. *Main Currents in American Thought.* New York: Harcourt, Brace & Co., 1927 – 30. 3 vols.

Patten, Simon. *The Premises of Political Economy.* Philadelphia: J. B. Lippincott Co., 1885.

Pearson, Charles. *National Life and Character.* London and New York:

Macmillan & Co., 1893.

Pearson, Karl. *National Life from the Standpoint of Science.* London: A. and C. Black, 1901.

Peirce, Charles Sanders. *Chance, Love, and Logic* (ed. Morris R. Cohen). New York: Harcourt, Brace & Co., 1923.

Perry, Ralph Barton. *Philosophy of the Recent Past.* New York: Charles Scribner's Sons, 1926.

_____. *The Present Conflict of Ideals.* New York: Longmans, Green & Co., 1918.

_____. *The Thought and Character of William James.* Boston: Little, Brown & Co., 1935. 2 vols.

Popenoe, Paul, and Johnson, Roswell Hill. *Applied Eugenics.* New York: The Macmillan Co., 1918.

Pratt. Julius W. *Expansionists of 1898.* Baltimore: The Johns Hopkins Press, 1936.

Rauschenbusch, Walter. *Christianity and the Social Crisis.* New York: The Macmillan Co., 1907.

_____. *Christianizing the Social Order.* New York: The Macmillan Co., 1912.

Riley, Woodbridge. *American Thought from Puritanism to Pragmatism.* New York: Henry Holt & Co., 1915.

Ritchie, David G. *Darwinism and Politics.* London: S. Sonnenschein & Co., 1889.

Rogers, Arthur K. *English and American Philosophy Since 1800.* New York: The Macmillan Co., 1922.

Roosevelt, Theodore. *The New Nationalism.* New York: The Outlook Co., 1910.

_____, and Lodge, Henry Cabot. *Selections from the Correspondence of Theodore Roosevelt and Henry Cabot Lodge* (ed. Henry Cabot Lodge). New York: Charles Scribner's Sons, 1925. 2 vols.

_____. *The Works of Theodore Roosevelt* (National Ed.). New York: Charles

Scribner's Sons, 1926. 20 vols.

Ross, Edward A. *Foundations of Sociology*. New York: The Macmillan Co., 1905.

———. *Seventy Years of It*. New York: D. Appleton–Century Co., 1936.

Rumney, Judah. *Herbert Spencer's Sociology*. London: Williams and Norgate, 1934.

Schilpp, Paul A., ed. *The Philosophy of John Dewey*. Evanston and Chicago: Northwestern University Press, 1939.

Schlesinger, A. M. *The Rise of the City*. New York: The Macmillan Co., 1933.

Schurman, Jacob Gould. *The Ethical Import of Darwinism*. New York: Charles Scribner's Sons, 1887.

Singer, Charles J. *A Short History of Biology*. Oxford: The Clarendon Press, 1931.

Small, Albion W. *General Sociology*. Chicago: The University of Chicago Press, 1905.

———, and Vincent, George E. *An Introduction to the Study of Society*. New York: American Book Co., 1894.

Spencer, Herbert. *An Autobiography*. New York: D. Appleton & Co., 1904. 2 vols.

———. *First Principles*. New York: D. Appleton & Co., 1864.

———. *The Man Versus the State* (ed. Truxton Beale). New York: Mitchell Kennerley, 1916.

———. *The Principles of Ethics*. New York: D. Appleton & Co., 1895 – 98. 2 vols.

———. *The Principles of Sociology*. New York: D. Appleton & Co., 1876 – 97. 3 vols.

———. *Social Statics*. New York: D. Appleton & Co., 1864.

———. *The Study of Sociology*. New York: D. Appleton & Co., 1874.

Starr, Harris E. *William Graham Sumner*. New York: Henry Holt & Co., 1925.

Stern, Bernhard J. *Lewis Henry Morgan, Social Evolutionist.* Chicago: University of Chicago Press, 1931.

____, ed. *Young Ward's Diary.* New York: G. P. Putnam's Sons, 1935.

Stoddard, Lothrop. *The Rising Tide of Color.* New York: Charles Scribner's Sons, 1920.

Strong, Josiah. *Our Country.* New York: The American Home Missionary Society, 1885.

Sumner, William G. *The Challenge of Facts and Other Essays.* New Haven: Yale University Press, 1914.

____. *Earth-Hunger and Other Essays.* New Haven: Yale University Press, 1913.

____. *Essays of William Graham Sumner* (ed. Albert G. Keller and Maurice R. Davie). New Haven: Yale University Press, 1934. 2 vols.

____. *Folkways.* Boston: Ginn & Co., 1906.

____. *What Social Classes Owe to Each Other.* New York: Harper & Bros., 1883.

____, and Keller, Albert G. *The Science of Society.* New Haven: Yale University Press, 1927. 4 vols.

Tarbell, Ida. *The Nationalizing of Business, 1878–1898.* New York: The Macmillan Co., 1936.

Thomson, J. Arthur. *Darwinism and Human Life.* New York: The Macmillan Co., 1911.

Townshend, Harvey G. *Philosophical Ideas in the United States.* New York: American Book Co., 1934.

Veblen, Thorstein. *Absentee Ownership.* New York: B. W. Huebsch, 1923.

____. *Essays in Our Changing Order* (ed. Leon Ardzrooni). New York: The Viking Press, 1934.

____. *The Instinct of Workmanship.* New York: B. W. Huebsch, 1914.

____. *The Place of Science in Modern Civilization.* New York: B. W. Huebsch, 1919.

____. *The Theory of Business Enterprise.* New York: Charles Scribner's

Sons, 1904.

_____. *The Theory of the Leisure Class*. New York: The Macmillan Co., 1899.

Walling, William English. *The Larger Aspects of Socialism*. New York: The Macmillan Co., 1913.

Walker, Francis A. *The Wages Question*. New York: Henry Holt & Co., 1876.

Ward, Lester. *Applied Sociology*. Boston: Ginn & Co., 1906.

_____. *Dynamic Sociology*. New York: D. Appleton & Co., 1883. 2 vols.

_____. *Glimpses of the Cosmos*. New York: G. P. Putnam's Sons, 1913 - 18. 6 vols.

_____. *Outlines of Sociology*. New York: The Macmillan Co., 1898.

_____. *The Psychic Factors of Civilization*. Boston: Ginn & Co., 1893.

_____. *Pure Sociology*. New York: The Macmillan Co., 1903.

Warner, Amos G. *American Charities*. New York: T. Y. Crowell & Co., 1894.

Weinberg, Albert K. *Manifest Destiny*. Baltimore: The Johns Hopkins Press, 1935.

Weyl, Walter. *The New Democracy*. New York: The Macmillan Co., 1912.

Wright, Chauncey. *Philosophical Discussions*. New York: Henry Holt & Co., 1877.

Youmans, Edward Livingston, ed. *Herbert Spencer on the Americans and the Americans on Herbert Spencer*. New York: D. Appleton & Co., 1883.

Young, Arthur N. *The Single Tax Movement in the United States*. Princeton: Princeton University Press, 1916.

文章

Boas, Franz. "Human Faculty as Determined by Race," *Proceedings, American Association for the Advancement of Science*, XLIII (1894), 301 - 27.

Case, Clarence M. "Eugenics as a Social Philosophy," *Journal of Applied Sociology*, VII (1922), 1 - 12.

Cochran, Thomas C. "The Faith of Our Fathers," *Frontiers of Democracy,* VI (1939), 17 – 19.

Cooley, Charles H. "Genius, Fame, and the Comparison of Races," *Annals of the American Academy of Political and Social Science,* IX (1897), 317 – 58.

Dewey, John. "Evolution and Ethics," *Monist,* VIII (1898), 321 – 41.

_____. "Social Psychology," *Psychological Review,* I (1894), 400 – 11.

Ely, Richard T. "The Past and the Present of Political Economy," *John Hopkins University Studies in Historical and Political Science,* II (1884).